习惯决定素质

影响孩子素质发展的100个好习惯

齐永胜◎著

图书在版编目（CIP）数据

习惯决定素质——影响孩子素质发展的100个好习惯 / 齐永胜著.
—上海：上海交通大学出版社，2015
ISBN 978-7-313-13795-1

Ⅰ.①习… Ⅱ.①齐… Ⅲ.①习惯性－能力培养－青少年读物 Ⅳ.①B842.6-49

中国版本图书馆CIP数据核字（2015）第220642号

习惯决定素质——影响孩子素质发展的100个好习惯

著　　者：齐永胜
出版发行：上海交通大学出版社　　地　　址：上海市番禺路951号
邮政编码：200030　　电　　话：021-64071208
出 版 人：韩建民
印　　制：青岛新华印刷有限公司　　经　　销：全国新华书店
开　　本：787mm×960mm 1/16　　印　　张：17.25
字　　数：260千字
版　　次：2015年9月第1版　　印　　次：2015年12月第2次印刷
书　　号：ISBN 978-7-313-13795-1/B
定　　价：36.00元

序

我国著名作家巴金说过，孩子成功教育从好习惯培养开始。一个孩子的习惯决定了这个孩子的素质。习惯，就是生活中形成的各种“惯性”，在不知不觉中影响着孩子的学习和生活，左右着孩子的成功和失败。

父母要想让孩子在将来实现自己的梦想，成为一个成功的人，成为一个高素质的人，就必须从培养孩子的良好习惯开始。因为，一个微不足道的动作，或许彰显了一个人的习惯，一个人的习惯恰恰能体现一个人的素质，一个人的素质就能改变一个人的一生。

美国福特汽车公司名扬天下，不仅使美国汽车产业在世界占据一席之地，而且改变了20世纪的整个美国的国民经济状况，谁又能想到该奇迹的创造者福特当初进入公司的“敲门砖”竟是“捡废纸”这个简单的动作？

那时候福特刚从大学毕业，他到一家汽车公司应聘，一同应聘的几个人学历都比他高，在其他人面试时，福特感到没有希望了。当他敲门走进董事长办公室时，发现门口地上有一张纸，很自然地弯腰把它捡了起来，看了看，原来是一张废纸，就顺手把它扔进了垃圾篓。董事长对这一切都看在眼里。福特刚说了一句话：“我是来应聘的福特。”董事长就发出了邀请：“很好，很好，福特先生，你已经被我们录用了。”这个让福特感到惊异的决定，实际上源于他“捡废纸”那个不经意的动作。从此以后，福特开始了他的辉煌之路，直到把公司改名，让福特汽车闻名全世界。

正是因为一种好习惯，一个下意识的小动作，改变了福特自己的人生。儿童教育专家孙云晓也曾说过，习惯决定孩子的命运。习惯的力量是巨大的，人一旦养成一个习惯，就会不自觉地在这个轨道上运行。如果是好习惯，就会终身受益；反之，则会在不知不觉中受害一辈子。通常我们说一个人素质不高，往往就是因为这个人有许多坏习惯。

从某种意义上说，孩子最大的差异不是智力上的差异，而在于有没有养成

良好的习惯。现在，已经有越来越多的家长重视对孩子习惯的培养。只有让孩子养成良好的习惯，才能培养出一个高素质的孩子。

然而，在现实生活中，有很多家长往往只注重孩子掌握了多少知识，而不管孩子是否养成了良好的学习习惯、生活习惯和行为习惯，是否具有了良好的道德品质和思维方式。我们会经常看到这样的情况，有的孩子虽然可以流利地背诵国学经典，却不会自己做饭、洗衣服，不懂得与人交往，更不会自主地做事情。更为糟糕的是，有的孩子离开了自己的父母就无法生存，无法融入社会这个大家庭。

研究表明，3岁至12岁是一个人形成良好行为的关键期。12岁以后，孩子已逐渐形成许多习惯，新习惯要想扎下根来就难多了。

当然，孩子良好习惯的养成是一个循序渐进的过程，不是一蹴而就的，它需要一定的时间。家长作为孩子成长道路上最重要的导师，就应该抓住孩子成长的关键时期，在家教中及时让孩子养成良好的学习、生活和行为习惯。同时，家长要通过自己的一言一行在潜移默化中影响和教育孩子。

所以，提高孩子的素质，要从培养孩子良好的习惯开始。种下一个行为，收获一种习惯；种下一个习惯，收获一项素质。有了好习惯，才会有高素质，有了高素质，孩子的未来才会更加精彩！

现在，让我们一起打开书，在培养好习惯的过程中提升孩子的综合素质吧！

齐永胜

目录

教育孩子的成功,应从培养好习惯开始。小学阶段是人一生中打基础的关键时期,在这个时期里,孩子不仅要学习最基础的知识,更重要的是掌握正确的学习方法,养成良好的学习习惯。孩子养成了良好的学习习惯,就能在学习中取得了不起的进步,最终获得成功。

生活习惯的好坏，不仅影响到孩子的身心健康，也是一个孩子综合素质的体现。习惯会在不知不觉中，潜移默化地影响着孩子的个人形象和生活质量。因此，一定要让孩子自己时刻注意生活中的每一个细节，只有丢掉不良习惯，养成好习惯，才会使自己成为一个"健康达人"。

卫生习惯看起来是一件微不足道的小事，却往往反映出一个人的精神面貌和生活情趣。良好的卫生习惯是保证孩子身体健康的必要条件。养成良好的卫生习惯不仅有益孩子身心的健康成长，更可减少一些疾病的发生，对孩子的智能发展也有着极其重要的意义。

“不学礼,无以立。”我国素有“礼仪之邦”之美誉,历来重视礼仪,崇尚礼仪。礼仪是人类文明的标志之一,是一个人道德修养的外在表现。文明就是要造就有修养的人。只有在交往中时刻注意知礼、重礼、守礼,才能有效地调节好人际关系,赢得别人的欢迎和尊重。

孩子是祖国的未来和希望，教会孩子保护自身安全，防止意外事故的发生，是社会、学校、家庭共同的责任。“珍爱生命，安全第一。”让我们从孩子身边的每一件小事做起，重视生命，遵守制度，了解常识，拥有平安幸福的人生。

学习好习惯，走向成功的金钥匙

教育孩子的成功，应从培养好习惯开始。小学阶段是人一生中打基础的关键时期，在这个时期里，孩子不仅要学习最基础的知识，更重要的是掌握正确的学习方法，养成良好的学习习惯。孩子养成了良好的学习习惯，就能在学习中取得了不起的进步，最终获得成功。

习惯1 学会课前预习

“凡事预则立，不预则废。”这句话强调不管做什么事，事先都要做好充分的准备。正确的预习方法可以帮助孩子在课前做好充分的准备，以便在课堂学习时能很好地抓住知识重点、难点，使课堂学习更有效率。学会预习，是孩子走向自主学习的第一步。

开学的第二天，小雨就找到了“高一年级”的感觉。

下午放学刚回到家，她就高兴地对妈妈说：“妈妈，您知道吗？今天我把我们班的同学全震了！”

“哦？是什么惊天动地的大事呀？能把你们班的同学给震了？”

“今天上语文课，老师问谁能背诵苏轼的《水调歌头·明月几时有》，我高高地举起手，老师叫了我。妈妈，你猜怎么着，我一背完，同学们都鼓掌了，都说小雨真厉害！”

“哦，是吗？”

“当然了！还有一个问题我回答得也很好呢！”

“什么呢？”

“我们班刘泽晨问老师一个问题：密州在哪里？我一听就举起了手，结果老师就让我回答了。我告诉大家：‘密州就是现在的山东省诸城市。’”

“哇！小雨，你真棒！”妈妈听着，心里一阵喜悦，看来昨天晚上帮助小雨的预习还真起作用了啊。

“老师还表扬了我呢，对同学们说：‘从朱小雨回答问题的表现就知道她回家预习得很充分。大家羡慕吧？’”

这是怎么回事呢？原来，小雨前一天晚上按照妈妈的要求，把第二天要学的内容预习了一遍，对不明白的问题查找了有关资料，还顺便把苏轼的这首词

背诵了下来。

呵呵，看来预习确实有好处，而且拓展性知识积累也是不可缺少的呢。

这次课堂表现让小雨尝到了预习的甜头，增强了学习的兴趣！

“学之道——善学者，事半而功倍，又从而悦之；不善学者，事倍而功半，又从而厌之。”培养课前预习的好习惯，可以帮助孩子更主动、更高效地学习课文内容，提高课堂学习效率。而且孩子有了一定的预习基础后，才能学会学习，培养探究意识和研究性学习能力，养成善于反思、勤于实践、勇于提出自己独特见解的良好学习习惯，为孩子的终身学习打下良好的基础。

而实际情况是，能够养成预习习惯的孩子还不够普遍，其中固然有孩子自身的因素，不喜欢预习，觉得预习麻烦，但也有老师和家长对预习没有引起足够重视的缘故，具体的原因大致有这样几点：

● **不理解预习的重要性。**预习是帮助孩子快速沟通新旧知识的有效途径之一，能够培养孩子的自学能力，发挥孩子的学习自主性，让孩子真正地成为学习的主人。

● **没有掌握预习的方法。**预习是有一定的方法技巧的，如数学预习，首先要清楚学习内容，然后要清楚学习目标，依据教材的提示，列清楚知识要点，记下疑问之处，准备在课堂上问老师。而有些孩子，预习时通常就是将课本翻一遍，会做的题目做一下，然后就万事大吉了，这样显然是不行的。

● **孩子学业负担过重。**现在的孩子学业压力较大，每天的家庭作业较多，作业写得快的孩子还应付得了，笔头较慢的孩子，完成家庭作业就要到很晚了，根本没有时间预习新课的内容。

温馨小贴士

怎样让孩子养成课前预习的好习惯呢？建议做到以下几点：

1. 家长要起到引导作用。父母应有意识地引导孩子去预习，帮助孩子寻找预习方法，这样坚持一段时间之后，孩子就会慢慢地养成预习的好习惯。

2. 孩子本身也要有一定的学习自觉性。在预习中有不懂的地方打个问号，重点或较难理解的地方画个破折号等等。作为家长，如果晚上有时间最好与孩子一起预习。

3. 让孩子尽量自己解决学习中的疑难问题。有的家长，生怕学习上的疑难问题难住孩子，只要孩子一提出，而自己又懂得，马上就会为其代劳。这样一来，原本经过孩子独立思考就能解决的问题，却由家长解决了。久而久之，孩子习惯于依赖别人，就难以养成自己克服困难、解决难题的好习惯。这对孩子的预习和自学是十分不利的。

4. 坚持预习，要有恒心。做作业的效果，取决于听课的效果，而听课的效果，取决于课前的准备——预习做得如何。有的孩子对此缺乏认识，每天疲于应付作业，所以会说："作业太多，没有时间预习。"而缺乏自信的孩子会认为："老师没有讲过，所以看不懂。"还有怕麻烦的孩子找借口说："都预习了，上老师的课有什么用？"如果对预习的方法、意义有更进一步的了解，并且能更规范地开展预习，使预习成为学习的习惯，对孩子的学习将产生积极的影响。

5. 坚持对孩子的预习做定时检查。每天孩子完成作业后，家长最好能提醒孩子预习新课，并且对孩子预习的结果进行检查。这就要求家长自己首先得付出一点时间，真正了解孩子的课程，知道他们现在该做什么，明天该学什么，让督促和检查有的放矢，这也是对孩子的一种帮助。

习惯2　课堂上专心听讲

上课专心听讲是学会知识、掌握本领的前提，所以，我们希望每一个孩子在上课时都能做到眼睛注意看，耳朵注意听，脑子跟着想，养成专心听讲的好习惯。专心听讲好习惯的养成不是一件容易的事情，需要长期细致地教育。

张子贺同学学习成绩优异，李林是张子贺的同桌、好朋友。

有一次上课的时候，张子贺坐得端端正正地专心听讲，同桌李林凑到张子贺的耳朵边，悄悄地对他说："我们来玩爆丸吧！"

张子贺正用心听老师讲课，他根本没有听见李林的话。

过了一会儿，李林又轻轻地碰了碰张子贺，张子贺还是一心一意地在听课，眼睛一直看着老师。李林心里挺不高兴，使劲拉了一下张子贺的衣服，这一来，张子贺回过头来了。李林指指手里的爆丸，张子贺明白了：是叫他一起玩爆丸。他对李林瞪了一眼，又专心地听老师讲课了。

下课了，李林不高兴地对张子贺说："刚才你为什么不理我，我不和你做好朋友了。"张子贺说："下课的时候，咱俩一起玩，是好朋友。可刚才是上课，上课是学习的时间，我要是理你就不能专心听讲了，会影响学习，所以我就不理你。今后上课的时候，我们可都要认真听讲。"

听了张子贺的话，李林赞同地点了点头。

生活中，我们常常看到这样的现象：课堂上老师在滔滔不绝地讲着，可有些孩子却不能做到全神贯注地听讲，甚至有个别的孩子还在做些小动作，注意力分散。什么原因呢？就是因为没有养成良好的听讲习惯。

孩子上课专心听讲对于其学习和掌握知识非常重要，如果孩子不能从小养成专心听讲的好习惯，必然会影响他的学习成绩。因而，对孩子进行专心听讲的教育是十分必要的。

教育家乌申斯基说过这样一句话："注意是一座门，凡是外界进入心灵的东西都要通过它。"课堂是一座丰富的宝库，专心听讲的人，能从中获得无尽的财富。

那么，有些孩子在上课不认真听讲的原因有哪些呢？

● **孩子的自控能力较差。**有些孩子自控力较差，容易兴奋，上课时容易被其他事情吸引，班上有点风吹草动，他总是第一个知道，第一个被吸引过去。

● **对该学科不感兴趣。**兴趣是最好的老师，当孩子对某一学科不感兴趣时，自然就会开小差，不认真听讲。

● **不喜欢任课老师。**俗话说："亲其师，信其道。"当孩子不喜欢任课老师时，就会失去听讲的欲望。

● **觉得知识太简单。**教师讲的内容一听就会，孩子就不愿意听老师在那里反复地说。这部分孩子大多数是那些成绩好的孩子，他们自认为自己全懂了，所以就开始开小差了。

● **没有教会孩子正确的听课方法。**一节课一般 35 ~ 45 分钟，而孩子的有效注意时间也就在 20 分钟左右，有些孩子根本不懂得利用这个时间，往往该听的时候不听，因此漏掉了很多重点知识。所以，作为父母要教会孩子正确的听课方法。

● **孩子注意力集中有缺陷。**有些孩子上课不认真听讲，可能是因为生病或者生理原因，如神经系统发育不健全、听力存在障碍等。

温馨小贴士

提高课堂学习效率，专心听讲是关键。怎样才能让孩子在课堂上专心听讲呢？建议做到以下几点：

1. **锻炼孩子的自控力。**凡是不认真听讲的孩子一般都伴有不爱阅读的习惯。家长要培养孩子快速阅读的习惯，对于他不会的字告诉他可以借助上下文猜测字意，并锻炼孩子读后口述故事情节的能力，或者安排孩子学习围棋、练习毛笔字等需要静心的事情来锻炼孩子的自控力。

2. 教会孩子正确的听课方法。一节课的时间不可能全是听讲的时间，如果发现孩子不认真听课，首先要和任课老师沟通，了解老师的授课习惯等，然后指导孩子听课的方法，告诉他老师讲什么样的内容需要认真听，什么时间可以稍微休息一下。

3. 培养孩子的注意力。首先，要注意从小训练孩子的听力。"听"是获得信息、了解知识的重要来源，特别对于不识字的孩子，父母可以让孩子听音乐、听故事，鼓励他们用自己的话描述所听的内容，从小培养孩子专心听讲的好习惯。其次，要合理安排学习内容的顺序。科学研究表明，注意力的长短与孩子的年龄有关：5～10岁孩子是20分钟，10～12岁是25分钟，12岁以上是30分钟，开始学习的前几分钟一般效率较低，15分钟后达到顶点。最后，还要给孩子创造安静的学习环境。安静整洁的学习环境对培养孩子的注意力有很多的好处，当孩子沉浸在安静的环境中，他就会集中注意力。

4. 让孩子给父母讲课。当孩子对老师的授课水平不满意的时候，可以让孩子试着给父母讲同样的内容，这能让孩子体会到传授知识是一件多么不容易的事情，让孩子增加对老师的理解，明白老师讲课是一种非常大的付出，同时，也可以锻炼孩子的语言表达能力。

5. 要求孩子尊重他人的劳动。可以告诉孩子，老师讲课是一种劳动，任何劳动都应受到尊重。从这个角度看问题，就能让孩子学会尊重别人，仅仅从礼貌的角度上，也不好意思上课搞小动作。

6. 给孩子算算一笔账。如果不认真听课，受到损失的是谁？为了弥补课上的损失，要在课外多付出多少努力？上课做小动作，玩得也不痛快，却要失去课外的娱乐时间，这是否划算？孩子想明白了，就会愿意专心听讲。

习惯3 大胆发言，不怕说错

大胆发言，是孩子获取知识的动力，是求知创新的开始。要鼓励孩子大胆发言，敢于发表自己独立的见解，说出不同的想法，不要害怕说错。只要孩子肯主动回答问题，就证明孩子已经学会了思考。只有这样，才能开发孩子的智力，培养孩子的创新精神。

唐朝著名画家戴嵩特别喜欢画牛，他画的牛跟真的一样。

有一次，朋友请他作画。他很快就画成了一幅《斗牛图》。在场的达官贵人、商人、书生们交口称赞，个个竖起了大拇指。

正在这时，一个小牧童指着画喊了起来："画错啦，画错啦！"喊声好像炸雷一样，大家一下子都呆住了。

戴嵩把牧童叫到面前，和蔼地说："小兄弟，我很愿意听到你的批评，请你说说什么地方画错啦？"

小牧童指着画上的牛，说："这牛尾巴画错了。两头牛相斗的时候，全身的力气都用在了牛角上，尾巴是夹在后腿中间的。您画的牛尾巴是翘起来的，那是牛用尾巴驱赶牛蝇的样子。您没见过两牛相斗的情形吧？"

戴嵩听了，感到非常惭愧。他连连拱手，说："多谢你的指教。"

小牧童敢向大画家提出意见，多么了不起啊！

现在，大多数孩子都具有好奇好问、求知欲强的好习惯。大胆发言，是孩子获取知识的动力，是求知创新的开始。

但是，传统的课堂教学模式是：教师讲，学生听；教师问，学生答……学生不折不扣地奉教师之命行事，丧失主体地位，没有个性化语言。也有些孩子胆小而不敢质疑，满足于一知半解，不愿追根问底，还有的不知从何问起。久而久之，很多孩子养成了人云亦云、不动脑筋的习惯。

事实上，孩子在课堂上敢于大胆发言，积极回答问题，不仅能使自己思维敏捷，而且锻炼了胆量，还可以培养自己的口头语言表达能力。

无论是在家里，还是在学校里，我们都要鼓励孩子大胆发言、不怕说错，既要尊重孩子，更要鼓励孩子的求新求异思维，即使说错了，有时我们也要给予肯定。因为，一次大胆的发言，往往是一次创新的开始。

然而，为什么有些孩子在课堂上“不愿说话”或“一言不发”呢？从调查情况看：

- 有的孩子顾忌他人的评价。害怕老师同学笑话，不够自信是导致孩子不发言的一个重要因素。
- 有的孩子认为自己在课堂发言中感受不到与大家协作、交流的快乐。
- 有的孩子不稀罕、不接受别人的观点，只相信自己。
- 有的孩子不喜欢与家长、老师、同学交流和争论问题。
- 有的孩子缺乏与他人合作、沟通的习惯。缺乏与他人协调的能力，公共性学习习惯很差，也阻碍了个人在学习上的发展。

温馨小贴士

怎样才能让孩子养成大胆发言、不怕说错的好习惯呢？建议做到以下几点：

1. 上课时要让孩子认真听清老师提出的问题。要从孩子发言声音响亮开始，达到这一要求后还要消除孩子发言的顾虑，即鼓励孩子勇于发言，不怕说错。

2. 让孩子充分开动自己的脑筋，提高自己的发言质量。对于孩子的尝试，我们要不断地给予肯定、欣赏。这样，孩子的学习主动性被充分地激发，逐步向老师和家长所希望的方向不断地进步，最后达到不受任何环境影响、不需附加任何条件都能大方、自然地表达自己看法的程度。

3. 鼓励孩子在平时要大胆说话。希望家长平时在家里的时候，能够经常鼓励孩子上课大胆说话，不怕说错，让他敢于发表自己独立的见解，说出不同的想法，敢说“我不会”“我不懂”“我有不同想法”。只要孩子肯主动回答问题，就证明孩子已经学会了思考。只有这样，才能开发孩子的智力，培养孩子的创新精神。

习惯4　读写姿势要正确

孩子在长身体的时候，养成良好的读写习惯特别重要，这不仅需要孩子从小做起，更需要家长和教师的长期督促，从而让孩子长期坚持下来，最终让孩子养成“姿势不对不读书”“姿势不对不动笔”的好习惯。

古时候有个大户人家的孩子，叫马晋。他非常聪明，又是独子，被父母视为掌上明珠。

到了该上学的年龄，父母舍不得让他进村里的学堂，给他单独请了先生，在家里学习。开始先生要求很严格，教他站有站相，坐有坐相，写字要挺直腰背，握笔要稳健有力。

可是马晋从小随便惯了，受不了约束，还没写两个字，手就软了，背也弯了，父母不赞成先生批评马晋。于是，马晋高兴怎么学就怎么学。

一年一年过去了，小马晋的知识逐渐渊博起来，但是由于长期趴着写字，他的背弯曲了，连头也总是向左歪着，握笔姿势特别可笑，走起路来像个小老头。

在参加科举考试的时候，他的形象导致他在乡试中就被主考官否定了。一个本来聪明有前途的好孩子，庸庸碌碌地过了一生。

常言道，坐要有坐相，站要有站相。孩子喜欢读书和写字是件好事，但一些家长只注意培养孩子的读书兴趣，却忽略了孩子的读写姿势和视力的保健。

现实中孩子的读写姿势实在让人担忧：有扭着身子写作业的、离书本很近读书的、歪着脑袋画画的、趴在桌上看书的，甚至有跪在椅子上写字的等等。

这些错误的姿势不仅会影响读写的质量，而且严重影响脊柱健康和视力发育，如不及时改正，可能会影响他们整个小学甚至一生的学习！特别是当孩子进入小学以后，他们的读写量明显加大，因而督促孩子养成科学的读写姿势就显得更加重要。

据有关专家对千名小学生进行的学习习惯调查显示，读写姿势正确的学生仅占25%，而这一比例在五年级时更是下降到13%。不良的读写习惯一旦养成，很难纠正。由此可见，培养孩子正确的读写姿势已经刻不容缓。

那么，是什么原因导致孩子的读写姿势不正确呢？主要有以下几个方面：

● **上幼儿园时没引起足够重视。**孩子在幼儿园时期的写写画画，我们往往忽视孩子的握笔姿势，错误的握笔姿势没有得到及时纠正，久而久之形成了习惯。

● **部分家长自身的原因。**有的家长自己的握笔姿势都是错的，教给孩子的当然是错的；还有的家长只注重孩子的学习质量，任由孩子自己握笔写写画画，忽视了写字姿势的培养，导致习惯成自然。

● **孩子的椅子不合适。**孩子在不断地长高，但大多数家里的桌子和椅子却不会长高。当孩子使用普通桌子和椅子读写时，往往是桌子太高，椅子太低（包括电脑椅），其造成的结果是：眼睛到书本不可能保持一尺的距离；写字时肘关节被迫抬高，长时间就会肩部疲劳，孩子不得不向前趴在桌面上。另外，由于家里使用的椅子坐面太大（40～45厘米），孩子写字时只能坐在椅子的前半部分，椅背无法托住后背。由于孩子坐在椅子上后其腰部受到上身自重的压迫，长时间会感到腰酸背痛，这时唯一减负的办法就是：上身完全趴在桌面上，这也是造成孩子总是趴着写字最主要的原因。

● **书本太大，身体被迫前倾或侧看。**由于现在的教科书大都采用大页面，书本平摊时，孩子眼睛与书本上半部分内容的距离太远，为了看清楚内容，孩子上身的姿势将会造成身体被迫前倾或者身体被迫侧着看书。

温馨小贴士

怎样让孩子养成良好的读写姿势呢？给父母的建议是：

1. 注意正确的姿势。孩子在读书写字时，要求他们先坐好，头正、肩平、身要直，胸稍挺起，两肩自然下垂，两条大腿平放在椅面上，两条小腿并拢，双脚平放在地面上。孩子读书时，双手捧着书本，书本上端稍抬高与桌面成45度角，头稍向前倾，这易看清字体，还能避免颈部肌肉紧张和疲劳。把书竖直或平放在桌上都是不正确的。写字时头比看书时要再稍向前倾斜。无论读书、写字都要注意“三个一”：眼离书本一尺，胸离桌一拳，手离笔尖一寸，这样才能保持姿势正常。

2. 看书的禁忌。教育孩子走路时不看书，光线昏暗不看书，躺着或乘车时不看书，阳光强烈时不看书，做到这些都会保护孩子的视力，使孩子健康地成长。

3. 写字要在书桌上进行。让孩子读书和写字都要在书桌上进行，桌椅的高度要适当，两只脚不要在半空中摇晃。

4. 给孩子选择合适的桌椅。为孩子选择一把高度调节范围很大且椅面较小的学生椅，并根据孩子不同身高每半年调整一次椅子高度。

5. 时刻注意提醒孩子。孩子读书或写字时不要让孩子躺在床上、趴在桌上或是扭着头、歪着身子。不良的姿势，很容易造成孩子骨骼发育畸形，而且不正确的姿势易疲劳，影响精神状况、视力状况，导致学习效果差。孩子良好读写姿势的养成需要一个过程，这就需要家长有耐心。

6. 注意写字的时间。低年级孩子，家庭学习时间一般以30～40分钟为宜，而高年级孩子可用1小时左右时间来安排自己的家庭学习活动，中间要提醒孩子稍事休息，以让身体舒展一下，眼睛松弛一下。

习惯5　课堂上积极回答问题

上课积极举手发言，积极回答老师提出的问题，不仅能发散思维，提高语言表达能力，而且还能帮助孩子在课堂上聚精会神，提高学习效率。课堂上积极回答问题，不仅是对知识的检验，也能锻炼孩子的勇气和自信。

丽丽是一个五年级的女孩，她平时文静，但有些自卑。特别是上课老师提问时，丽丽总是一个人静静地坐在角落里，即使知道问题的答案，也不敢举手发言，生怕一不小心答错引来大家的嘲笑。

久而久之，丽丽的学习成绩有所下降，同学们也渐渐疏远了她。丽丽在班里变得越来越孤单，她苦恼极了。

老师发现了这种情况，对丽丽说："课堂上积极回答问题，不仅能集中注意力，锻炼语言表达能力，还能活跃我们的思维，加深对知识的理解和运用。在课堂上主动发表自己的观点，更是一个人有勇气和自信的表现。"

听了老师的话，丽丽开始试着去改变自己。面对课堂上老师的提问，丽丽总是悄悄地鼓励自己："勇敢些，我能行！"慢慢地，她开始举手回答老师提出的一些问题。面对同学们的目光，小丽再也不感到紧张和害怕了。

从此以后，丽丽变成了一个自信的孩子，学习成绩也越来越好。

孩子上课积极举手发言，积极回答老师提出的问题，不仅能集中听课的注意力，锻炼口头表达能力，使思维更加活跃，还能提高学习的效率。由于课堂上老师讲的都是重点，如果孩子在上课时积极思考，一些问题就可以当堂解决，从而加深了对知识的记忆和理解，也就很自然地解决了上课走神、精力不集中的问题了。

然而，在生活中我们经常听到老师反映这样一些情况：

教师提出一个问题，往往只有为数不多的同学踊跃回答，其他同学经常保持缄默或者是人云亦云，对学习内容知其然，而不知其所以然。还有很多孩子在下课时说话声音很大，但在课堂上回答问题，声音就很小了，这是缺乏自信、缺乏锻炼的表现。

是什么样的原因导致孩子在课堂上不敢积极举手回答问题呢？原因大致有以下几点：

● **孩子胆子太小。**有的孩子从小就被家长宠着，很少经受挫折，而且缺乏社交经验，胆量很小，不敢在公开场合讲话。如，有的孩子不敢直视老师的眼睛，与老师讲话时，讲着讲着就哭了起来。而有的孩子平时见到陌生人，就躲在爸妈的背后，不敢出来与人交谈。

● **听不懂或者没听课。**问题太难，孩子肯定不愿意举手回答问题，因为怕出错。而有的孩子上课时根本没有在听，就更谈不上回答问题了。如，经常会看到有的孩子一到老师提问时就轻松了，反正“事不关己”。他做的只是沉默着等人站起来回答问题，而他根本就不去思考问题的本身。

● **不喜欢老师或者怕老师。**有的老师在上课时过于严厉，孩子不喜欢老师，甚至怕老师，即使会答的问题，也不举手回答。如有的孩子一开始喜欢回答问题，但是某一次回答错了，被老师批评了，就会在心里留下阴影，下次再遇到问题时，就不敢轻易举手回答了。

● **倾听习惯不好。**有的孩子一心一意地想回答问题，但总是听不到点子上，回答的问题常常是风马牛不相及，这都是因为孩子的倾听习惯不好。倾听习惯不好有生理上的原因，如在发育期缺少训练等，也有后天父母缺少培养方面的原因。

温馨小贴士

怎样才能让孩子在课堂上积极回答问题呢？给父母的建议是：

1. 鼓励孩子在家里回答问题。父母可以经常在家里和孩子共同学习，多提一些问题，鼓励孩子回答。当孩子在家里自觉养成回答父母问题的习惯，到了学校也就能自然而然举起手来。

2. 了解孩子上课回答问题的感受。父母可以让孩子谈谈上课回答问题的感受，这样可以了解孩子的想法，有针对性地帮助他。孩子通过这个认真思考的过程，也会认识到，回答问题对自己的学习成绩很有帮助。

3. 成绩是最好的回答。如果孩子担心，上课回答问题，答错了会让同学笑话，父母就该耐心地讲，答错了能让他记得更牢。他不回答就不知道自己的错误，到考试的时候还是容易犯错，那时就不怕同学笑话吗？即使课堂上同学们笑他，只要他积极回答问题，取得更好的成绩，最后还会有人笑他吗？

4. 父母要学会“示弱”，让孩子勇敢表现自己。很多不爱回答问题的孩子，在家里也不喜欢说话。父母应该鼓励孩子多开口，无论孩子说什么，父母都应该肯定他，让他把心里话说完。即使孩子说错了或者说得不完全正确，父母也不能打断和训斥孩子。学会“示弱”的家长才能培养勇敢自信的孩子。

5. 珍惜每次发言的机会。多回答问题会提高学习的效率，会锻炼孩子的思考能力，这是非常难得的机会。学生那么多，老师不一定会叫到孩子，所以这值得孩子努力去争取。只要举手，就说明孩子在认真思考、专心听课了。

习惯6 不明白的问题一定要问

敏而好学，不耻下问。不明白的问题一定要问这一习惯的养成，不仅能促进孩子学习成绩的提高，而且在扩大孩子知识面的同时，还能提高孩子主动发现问题和解决问题的能力。在学习和生活中，不明白的问题很多很多，但只要善于去想，敢于去问，勤于去找，最终都能获得成功。

伽利略17岁那年，考进了比萨大学医科专业。他喜欢提问题，不问个水落石出决不罢休。

有一次上课，比罗教授讲胚胎学。他讲道："母亲生男孩还是生女孩，是由父亲的强弱决定的。父亲身体强壮，母亲就生男孩；父亲身体衰弱，母亲就生女孩。"

比罗教授的话音刚落，伽利略就举手说道："老师，我有疑问。"

比罗教授不高兴地说："你提的问题太多了！你是个学生，上课时应该认真听老师讲，多记笔记，不要胡思乱想，动不动就提问题，影响同学们学习！"

"这不是胡思乱想，也不是动不动就提问题。我的邻居，男的身体非常强壮，可他的妻子一连生了5个女儿。这与老师讲的正好相反，这该怎么解释？"伽利略没有被比罗教授吓倒，继续反问。

"我是根据古希腊著名学者亚里士多德的观点讲的，不会错！"比罗教授搬出了理论根据，想压服他。

伽利略继续说："难道亚里士多德讲的不符合事实，也要硬说是对的吗？科学一定要与事实符合，否则就不是真正的科学。"比罗教授被问倒了，下不了台。

后来，尽管伽利略受到了校方的批评，但是他勇于坚持、好学善问、追求真理的精神却丝毫没有改变。正因为这样，他才最终成为一代科学巨匠。

在生活中，我们经常看见许多孩子从会说话起，就像个“小问号”一样不断地向人发问，整天缠着父母问个没完没了，“为什么飞机在天上飞?”“为什么鱼要在水中游?”“冬天河水为什么会结冰?”“为什么我不会飞?”等等。其实，这是一种好的现象，因为提问是孩子求知欲的重要表现形式之一。

古希腊科学家亚里士多德说过：“思维是从疑问和惊奇开始的。”不明白的问题一定要问，问了，才会明白；明白了，还要明知故问，因为可以通过对方的详细讲解，让自己掌握的知识更加准确，这样才会不断地取得进步。学问学问，勤学好问，好问别人，更要问自己。我们应当经常提出一些问题，鼓励孩子自己寻找答案。

然而，有的孩子由于惰性，许多问题得不到及时解决。时间一长，不明白的问题就越来越多，学习也变得越来越困难，久而久之，有些孩子就不会再问了，他们不敢或不愿提出问题甚至是不善于提问题，对学习产生了厌倦情绪。

为什么有的孩子在生活和学习中不喜欢提问呢，大致有以下几个原因：

● 不敢问或者懒得提问题。有些孩子胆子比较小，自尊心比较强，在课堂上遇到困难，不敢向老师提问。还有一些孩子，在课堂上不专注，不爱动脑思考。也有一部分优秀的孩子，因为觉得课堂的问题太简单，懒得去提问题。

● 基础薄弱。孩子的基础太过薄弱，很难把握住老师所讲述的内容，所以很难提出自己的见解和问题。

● 不会提问。有些孩子明明觉得自己有疑问，想提问，却因为没有掌握正确的提问方法而有话说不出。

● 讨厌学习。有一部分孩子讨厌学习，没有学习热情，恨不得早点下课，根本没有去考虑提问的问题。

温馨小贴士

如何让你的孩子养成不明白的问题一定要问的好习惯呢？建议做到以下几点：

1. 培养孩子提问的意识。科学家爱因斯坦说过："提出一个问题，比解决一个问题更重要。"孩子喜欢提问需要进行有意识的培养，平时可以给孩子看一些爱好提问的小故事，以增强孩子的提问意识。

2. 抽时间多训练。孩子放学回家，除了问问作业和表现情况，还要关注孩子每天在课堂上有没有提问，有没有表达自己的观点。告诉孩子，哪些问题需要向老师提问，可以提出哪些方面的问题。

3. 锻炼孩子的胆量。孩子胆子小，要慢慢培养孩子的自信心，多鼓励。如，孩子考试成绩进步，要大力表扬；在课堂上回答问题了，要给予奖励。

4. 加强对孩子功课的辅导。孩子基础薄弱，提不出问题，就要有针对性地辅导孩子的功课，孩子把知识点融会贯通了，自然也就能提出问题了。

5. 教给孩子提问的方法。在课堂上提问也是有一定的技巧的。如，什么时间提问比较合适？一般在老师提出"还有没有其他观点"时提问比较恰当，或者当自己对问题有疑惑时，可以直接提问。提问时，要紧紧抓住问题的本质，清楚地说出自己的疑问或者观点，便于老师针对性地给出解答。另外，提出的问题不要太多，抓住一两个核心问题提问就可以了。

6. 疏导孩子的厌学情绪。孩子厌学一般情况下是因为怕吃苦，觉得问题难。平时要勉励孩子勤奋学习，刻苦努力。如果孩子因为问题难而厌学，可以适当地请老师辅导孩子的功课，如果孩子厌学情况很严重，可以找专家帮助治疗孩子的厌学症。

 习惯7 注意力要集中

学习最大的“敌人”就是注意力分散。只有专心致志、全神贯注才能提高学习效率，取得良好的成绩。通常孩子年龄越小，注意力集中的时间越短，家长要千方百计训练孩子的专注能力，培养起孩子专心学习的好习惯。

著名的科学家牛顿就是个注意力高度集中的人。牛顿一生中的绝大部分时间是在实验室度过的。

每次做实验时，牛顿总是通宵达旦，注意力非常集中，有时一连几个星期都在实验室工作，不分白天和黑夜，直到把实验做完为止。

有一天，他请一个朋友吃饭。朋友来了，牛顿还在实验室里忙着。朋友等了很长时间，肚子很饿，还不见牛顿从实验室里出来，于是就自己到餐厅里把煮好的鸡吃了。

过了一会儿，牛顿出来了，他看到碗里有很多鸡骨头，不觉惊奇地说：“原来我已经吃过饭了。”

于是，牛顿又回到了实验室继续工作。牛顿注意力高度集中到了做实验上，竟然会忘记自己有没有吃过饭。正是这种高度集中的注意力，使牛顿在科学的领域取得了丰硕的成果。

著名物理学家李政道博士也是个注意力高度集中的人。

在年轻的时候，没有静心读书的环境，他就在人声鼎沸的茶馆里找一个角落读书。开始，嘈杂的人声使他头昏目眩，但他强迫自己把思想集中在书本上。经过磨炼，再乱的环境也不能把他从书本上拉开了。

为什么这些大科学家会发生这样的事呢？原因很简单，因为他们一心想着自己熟悉的科学问题，对自己思考的问题全神贯注，而对于问题之外的事情

却漫不经心，这就是他们闹出笑话的原因。

常有家长说："孩子做事效率低，做作业动作慢，一边写一边玩。"大家都知道集中注意力学习的重要性。只有善于集中注意力的孩子学习起来才比较省劲，效果较好，也因此有更多的时间来休息和娱乐。

美国思想家爱默生曾经说过："全心贯注于你所期望的事物上，必有收获。"孩子只有聚精会神，才能取得成功。而孩子能否集中精力，则与父母的教育是分不开的。正所谓，成功的孩子背后总会有父母爱的付出。

注意力是学习的窗口，没有它，知识的阳光就照不进来。注意力水平的高低，直接影响着人的智力发展和对知识的吸收。智力好、各方面心理素质均衡发展的孩子，在很小的时候，一般都养成了专心做每一件事情的习惯。

因此，要想提高孩子的学习成绩，培养和开发他们的智力，第一步就要注意培养和训练他们的注意力，养成专心致志的习惯。否则，其他的训练只能是事倍功半，甚至徒劳而无功。

但是，为什么有的孩子会经常出现注意力不集中的现象？这里面不仅有孩子的问题，更有家长的责任。

- **家长对孩子成长的特点不了解。**孩子的天性都是很好动的，他们有着对未知事物的探求欲望，但是小孩毕竟是小孩，对待事情不可能像大人那样能够专注，并且保持较长的时间，所以，很多孩子在父母眼中都有注意力不集中的印象，认识到这一点，父母就应该多了解孩子，不要用大人的标准去衡量孩子。

- **家长的攀比心理。**现在的父母个个是望子成龙，从小开始就不断给他灌输大量的知识，家长更把孩子的攀比当成一种乐趣，今天我家孩子学了钢琴，明天那家孩子学了吉他，却不去考虑孩子的感觉，一味地灌输各种知识，结果就是，孩子很难把注意力集中到一件事上。

- **压制孩子的天性。**许多家长虽然是为了孩子的将来考虑，但是过分要求孩子，经常不许孩子干这个，不许孩子做那个，非要孩子什么都随父母的意愿行事，做一个乖宝宝。就算孩子迫于压力，短时间听话，但是到了他们认为长大后，比如青春期，他们就会剧烈地反抗。所以压制孩子天性的后果，就是导致孩子注意力不好。

温馨小贴士

注意力是否集中，并不是先天遗传的，而是靠后天的学习培养和训练得来的。对于注意力不足的孩子，家长一味采取讲道理和批评教育的方式，往往收效甚微。因为，这并不能真正缓解孩子烦躁不安的情绪，不能提高孩子的行为计划能力和自我控制能力。当孩子注意力不能集中时，家长不妨改变一下教育方法。建议家长可从以下几方面进行尝试：

1. 给孩子创设一个安静的学习环境。要让孩子专心学习，家长首先要自己安静，不要做分散孩子注意力的事，如看电视、大声议论或嬉笑吵闹等。家长也要认真看书学习，处处成为孩子效仿的榜样。在孩子学习时，父母不能边玩手机边辅导孩子；不要在一旁唠唠叨叨，问这问那；也不要在孩子学习的房间接待客人，干扰孩子，使他无法集中注意力；更不能允许孩子一边看电视，一边做作业。

2. 培养孩子善于集中自己的注意力。注意力集中的孩子，不但完成作业比较快，而且完成得比较好，效率高。那些作业马虎、粗枝大叶的孩子主要是因为注意力不够集中，没能仔细地看准习题的要求和提供的条件。而且，善于集中注意力的孩子学习起来比较省劲，效果比较好，也就有了更多的时间来休息和娱乐。

3. 要求孩子在规定的时间内完成作业。如果作业太多，可以分段完成。有的父母因为孩子的注意力不够集中而在旁边监督，这不是长久和有效的办法。长期这样，有的孩子会一时屈服父母而做作业，有的孩子却产生逆反心理。研究表明，注意力稳定的时间分别为：5～10 岁孩子是 20 分钟，10～12 岁孩子是 25 分钟，12 岁以上孩子是 30 分钟。因此，如果想让 10 岁的孩子 60 分钟坐在那里去专注地完成作业，几乎是不可能的，父母可针对孩子的具体情况，为其设计较为合理的学习方式。

4. 让孩子在一定时间内专心做好一件事。常听有些父母说:“我的孩子做事效率低,做作业动作慢,一边写一边玩。”父母要注意培养孩子在某一时间内做好一件事的能力。对于家庭作业父母要帮他们安排一下,做完一门功课可以休息一会儿,减轻孩子疲劳。有些父母觉得孩子动作慢,不让孩子休息,还唠叨个没完,使他们产生抵触心理,效果反而不好。

5. 对孩子讲话不要总是重复。有些父母对孩子不放心,一件事总要反复讲几遍,这样孩子就习惯一件事反复听好几遍。到了课堂上听课时,老师只讲一遍,孩子却仍是漫不经心,就不能很好地理解老师讲的内容,不能遵守老师的要求,自然也就谈不上取得好的学习效果。父母对孩子交代事情只讲一次,要求他听一遍就要弄明白,是培养孩子注意力的一种办法。

6. 训练孩子善于“听”的能力。“听”是人们获得信息、丰富知识的重要来源。会听讲对学生来说是相当重要的,因为老师多半是以讲解的形式向学生传授知识。父母可以通过“听”来训练孩子的注意力,比如父母可以让孩子听音乐、听小说、听故事,鼓励孩子用自己的话来描述听到的内容,从而培养专心听讲的好习惯。

习惯8　多动脑，勤思考

多动脑、勤思考是每个人都应具备的良好习惯。许多人把动脑思考称为成功者的第一美德。如果一个家长要想让自己的孩子成才，那么就要从现在开始让其养成多动脑、勤思考的好习惯。

歌德是德国最伟大的诗人、文学泰斗，他还是一位多才多艺、知识广博的艺术家和科学家，在文艺理论、哲学、历史、艺术及自然科学等领域，都为人类做出了宝贵的贡献。

1749年8月28日，歌德出生于莱茵河畔的法兰克福。人们称歌德是个天才，事实上，歌德的才能并不是天生就有，他能取得如此成就，主要靠父母对他的早期教育和本人坚持不懈的努力。

歌德是家中唯一的男孩子，父亲对他寄予厚望，从他出生起，就有计划地对他进行严格的教育。当歌德还是婴儿时，父亲就抱着他去散步，还经常到郊外呼吸新鲜空气，有意识地让他多接触自然。在路上，父亲总是耐心地给小歌德讲解遇到的各种事物，培养他的观察能力和认知能力，使歌德获得不少自然知识，歌德小小年纪便知道许多植物和动物的名称和特点。

歌德的母亲出身显赫，是法兰克福市长的女儿，一位典型的贤妻良母，爱好文学，平时喜欢给儿子讲故事。为了使歌德养成多动脑勤思考的好习惯，每到关键处，小歌德正听得津津有味时，她便故意停下来，要他自己设想下面发生的事。如果歌德猜得不对，母亲也不说出结果，而是让他继续想，直到找出合理的答案为止。歌德丰富的想象力和构思能力就是那时培养出来的。他7岁就编出饶有诗趣的《新帕利斯》童话，与此不无关系。

歌德后来在回忆录上写道："这种儿童的玩意儿和劳作从多方面训练和促进了我的创造力、表现力、想象力，而且是在那样短的时间，那样狭小的地方，花那样小的代价，恐怕再没有别的途径能够有这样的成就了。”

学习离不开思考，离开了思考的学习，肯定是低效的学习。两千多年前孔子就曾经告诫我们：学而不思则罔。爱因斯坦说：“学习知识要善于思考，思考，再思考，我就是靠这个方法成为科学家的。”先贤圣哲言犹在耳，他们无不强调思考对于探求真知的重要性。

“业精于勤荒于嬉，行成于思毁于随。”各行各业的成功者，往往是优秀的思考者，他们勤学敏思，博学善思，深谋远虑，可以说是思考成就了他们人生的价值。

纵观历史，放眼东西，中国古代思想家孔孟老庄，西方哲学家苏格拉底、柏拉图、亚里士多德、培根等，他们的伟大，都源于思考！

霍金，他的身体被“禁锢”在轮椅中，可他的思想却能在广袤的时空自由翱翔，解开宇宙之谜。他的深刻，源于思考！

因公司在纽交所上市而问鼎中国首富的阿里巴巴执行主席马云，曾是杭州电子工学院的一名外语老师。19 年前他去了趟美国，美国的高科技引起了他的思考。由此起步，创建了全球最大的电子商务帝国。他的成功，源于思考！

然而，我们有些孩子在学习的过程中，却不爱思考，不善思考，习惯于在上课时被动听讲，在课下死记硬背，把自己的头脑变成了一个被装满的容器。是什么原因让有的孩子不爱动脑呢？

● **与父母及家庭成员的过分溺爱有关。**父母替孩子包办一切，使孩子养成“饭来张口，衣来伸手”的习性，形成事事依赖父母的不良习惯，思维也逐渐变得懒惰起来，以致不肯动脑筋思考，遇到问题就以“不知道”来简单地应付。所以，父母的越俎代庖使孩子失去了思考的机会，父母的过度关心使孩子丧失了思考的能力，用标准答案限制了孩子的思维。

● **现代生活让孩子变得懒惰。**根据随机调查表明：95% 的孩子业余时间

的主要活动是“看电视”，其中动画片是他们的最爱，大多数孩子的主要游戏项目是电脑游戏。在生活中，需要动脑解决问题的机会也是不多。

● **与教育方法不当有关。**有的父母、老师要求孩子回答一些他们不感兴趣的问题，或超出他们智力范围的问题，孩子也会以不知道来搪塞。而父母和老师不仅不耐心讲解，反而加以责备，这就使孩子备受压抑，以后再碰到这样的问题也会说不出来。

● **与孩子的表达能力有关。**一些孩子由于先天或后天的原因，在语言的表达上存在困难，如口吃、发音不准等，他们由于害怕被别人笑话，往往不愿意在别人面前讲话，于是别人问什么问题他们都以“不知道”来进行回答。

温馨小贴士

培根曾说过：“学贵在质疑，小疑则小进，大疑则大进。”人的思维就像机器一样，越用越灵，只有通过多动脑，多思考，才能使思维能力得到快速地发展。怎样从小培养孩子爱动脑筋，勤于思考的习惯呢？建议做到以下几点：

1. **要珍惜孩子的提问。**当孩子提出问题时，父母要耐心、热情地回答孩子提出的问题，注意保护孩子观察事物的积极性。如果对待孩子的提问采取敷衍了事的态度，或者采取拒绝回答的态度，就会挫伤孩子的上进心，扼杀了孩子思维的积极性和主动性。

2. **要善于向孩子发问。**父母不但要珍惜孩子的提问，为了启发孩子的思维，调动孩子思维的积极性，还要抓住时机，主动向孩子发问，使孩子逐步养成爱动脑筋、勤思善问的良好习惯。当然，向孩子发问，也要注意方式方法。不要老是问“这是为什么”“那是为什么”。千篇一律的提问，会使孩子感到枯燥无味而失去兴趣。而应当适当地变换问题的提法，使孩子感到新鲜、有趣，促使他愉快地去钻研问题。

3. **引导孩子自己思考。**尽量让孩子自己去开动脑筋，自己去思考问题。当孩子问“为什么”时，父母一方面要注意保护孩子思维的积极性，但同时也不要急于把现成的答案直截了当地告诉孩子，而应该启发、引导孩子自己去思考和推论。

4. 培养孩子的质疑精神。培养良好的思维习惯，从根本上说就是要培养质疑的思维习惯。因为有了质疑精神，就会去主动探索，就会去积极思考。孩子如果提出出人意料的问题，做了不同寻常的回答或讲出颇为新奇的观点，家长要仔细听，要抱着尊重的态度，使孩子感到他提的问题是有价值的，异乎寻常的答案也是可以探讨的，孩子就会逐步养成好质疑、好思索的习惯。

习惯9 遇到问题，多问个为什么

提出一个问题，比解决一个问题更重要。凡事多问个为什么，对孩子的成长十分有好处。要让孩子拿出做学问的态度，以一种打破砂锅问到底的精神，遇事多问几个为什么，这样会比常人有更多的机会走向成功。

爱迪生是一位闻名世界的伟大发明家。

爱迪生从小身体瘦弱，可有一股犟劲儿，刚学走路时，就拒绝别人的帮助。一双亮晶晶的大眼睛，对什么都好奇，都感兴趣，天天缠着爸爸问这问那："天上的星星有几颗？""为什么会刮风啊？"爸爸总是被问得不知所措。

幼年时，爱迪生好奇心很强，不管什么事情，他都要问个明白。虽然这些问题很常见，但是很不容易回答。

比如，姐姐摔破了茶杯，他会问："茶杯掉到地上，为什么就破了呢？有摔不坏的茶杯吗？"哥哥捉到了一只蜻蜓，他就会问："蜻蜓的眼睛为什么是长在头顶上而不是长在肚子上呢？"

因为爱迪生时常会问一些很古怪的问题，所以，人们望着他不大相称的身体时便会说："这个孩子一定不太正常。据说脑袋特别大，是白痴的征兆。"

然而，爱迪生对大人们的说法并不在意。对他来说，这个世界真是充满了数不清的奇异事物，无论做什么都喜欢问个为什么，而且只要可能，他喜欢动不动就做实验，为此常闹出笑话来。

在他6岁时，有一次他看见母鸡孵小鸡，就想：为什么鸡蛋能孵小鸡，我为什么不能孵出小鸡呢？一天傍晚，爱迪生迟迟没有回家，后来爸爸妈妈在邻居家的鸡舍里找到了他，邻居知道后，说他是个傻孩子。爸爸妈妈却并没责骂他，还鼓励他多思考。

正是源于爱迪生善于思考，喜欢多问个为什么，所以他一生中有留声机和白炽电灯等1000多项发明，获得了很多高级学术机构颁发的奖章，受到了全世界人民的尊重和爱戴。

和小时候的爱迪生一样，很多孩子也非常喜欢问“为什么”，诸如“为什么天是蓝的”“为什么狗有四条腿，而鸡只有两条腿”“为什么人不能像鸟儿一样飞”等等。其实，对于初涉人世的孩子来说，身边的世界是那么陌生、新鲜和神秘，在他的心灵中充满了探索、求知的欲望，这宝贵的好奇心理正是他智慧的火花，更是促使他探索世界的原动力。

研究证明，一个富有好奇心的人能够保持旺盛的求知欲，在获得知识的过程中体验乐趣，这种乐趣又会激励他不知疲倦地去探究未知的领域，促进其智力的发展。好奇心就像是性能良好的赛车引擎，保证赛车勇往直前，在激烈的竞争中遥遥领先。

面对孩子这些无穷无尽的“为什么”，家长刚开始可能还有耐心作答，时间长了，有的家长便会不耐烦，面对孩子的问题或敷衍了事，或欺瞒哄骗，甚至会责备孩子：“你怎么会有这么多的问题？”

好奇心是孩子学习兴趣的源泉。好奇、好问、好动，渴望通过自己的探索来了解世界是孩子的天性。当孩子带着问题去问父母的时候，父母不应该简单地将结论告诉孩子。告诉孩子问题的答案，远不如让孩子自己思考“为什么”来得重要。

“学起于思，思源于疑。”“小疑则小进，大疑则大进。”孩子的积极思维往往是从有疑开始的，学会发现和提出问题是学会创新的关键。法国大作家巴尔扎克曾说过，打开一切科学的钥匙都是毫无疑义的问号，我们大部分的伟大发现应归功于“如何”，而生活的智慧大概就在于逢事问个“为什么”。

呵护孩子的好奇心。爱迪生的成功当然和他的勤奋是分不开的，但是没有他母亲从小有意识地呵护他的好奇心，恐怕他也不会取得这么大的成就。能正确地提出问题就迈出创新的第一步，因此，让孩子多问个为什么，会使孩子受益一生。

温馨小贴士

面对孩子的“为什么”，家长应该如何引导呢？

1. 家长应该积极回应孩子的问题。孩子问问题的时候，成人采取不理睬、厌烦甚至嘲笑的态度是错误的。研究表明，正是由于大人的态度使孩子感到沮丧，从而放弃了对问题的提问，使孩子的好奇心随着年龄的增长而渐渐泯灭了。因此，切忌“你怎么这么烦呢！”“你没看我正忙着，一边玩去！”“你真傻！”等伤害孩子自尊心的话语。孩子提问题的时候，你应该放下手头的事情，做出注意倾听孩子说话的姿态：弯下腰，目光注视孩子，用点头和微笑鼓励他，并且用语言表达对问题的兴趣，如：“这个问题很有意思。”“哦！”“是吗？”等。

2. 家长应该灵活地处理孩子的问题。孩子所问的问题，一般有以下几类：一是经过家长启发，孩子可以自己得出答案的问题；二是孩子得不出答案，家长知道答案的问题；三是孩子和家长都得不出答案，但是可以寻求资料来解决的问题；四是人类还未解决的问题。

当我们面对孩子的问题时，首先要明白它是属于哪一类的问题，然后再根据具体情况作答。遇到第一类问题时，家长不要急于给出孩子答案，而应该鼓励孩子开动脑筋，认真思考，查阅相关书籍和资料，自己寻找问题的答案。遇到第二类问题时，家长应该根据孩子思维发展的情况，耐心细致地向孩子讲解。遇到第三类问题时，有些家长为了在孩子面前树立权威形象，总想装出无所不知的样子，即使对自己不知道或不熟悉的事物，也要装作很了解很熟悉的样子。这样的态度可能使孩子觉得提问题是一种不成熟的表现。因此，遇到这种情况时，家长应该非常诚实地对孩子说：“这个问题我也不知道答案，等我知道了答案，再来告诉你。”遇到第四类问题时，家长应该向孩子说明并鼓励孩子，比如：“你问的这个问题很好，可是我们人类目前还没有解决这个问题的能力，但愿你长大以后能够找到这个问题的答案。”

3. 寻找拓宽孩子好奇心的方法。作为家长，不但不能扼杀孩子这种好奇心，而且要积极地营造环境，培养和发展孩子的好奇心。比如，可以经常向孩子提出一些问题，问题可以涉及日常生活常识、历史典故、地理知识、科学技术等诸多方面，这样就可以激发孩子的好奇心，提高孩子的探索能力，促进智力的发展。

习惯10　敢于发表与别人不同的见解

敢于怀疑，敢于提问，敢于让孩子发表与别人不同的见解，是培养孩子质疑能力、挑战权威的开始。只要有这种信心和勇气，孩子的创新意识就能树立起来，创新能力就会得到提高，孩子的个性素质也会得到发展。

居里夫妇的女儿伊伦·约里奥·居里，与丈夫一起获得了1935年的诺贝尔化学奖。她在小时候就非常活泼好动，而且总是敢于发表与别人不同的见解。

一次，物理学家朗之万给孩子们出了一个问题：把一条金鱼放进一个装满水的鱼缸里，然后把溢出来的水放进另一个缸子里，结果却发现这些水的体积比金鱼的体积小，为什么？

孩子们议论纷纷。有的说是鱼把水喝到肚子里去了，有的说是水渗到鱼的鳞片中间了……伊伦却在想浮力定律——浸在水中的物体所排开水的体积应当与物体体积相等，因此，物理学家朗之万所说的“溢出的水的体积比金鱼的体积小”是不对的，应该相同才对。

伊伦勇敢地站起来，大声地说：“把金鱼放进一个装满水的鱼缸里，溢出的水的体积与金鱼的体积是相同的，不可能像您所说的‘溢出的水的体积比金鱼的体积小’，教授您说错了吧！”

孩子们都哈哈大笑起来，有个孩子站起来说：“教授是知识渊博的大物理学家，他怎么会弄错了呢？”朗之万微笑着点了点头，让孩子们第二天再来讨论。

回家后伊伦去问妈妈。居里夫人让她动手试试看。于是她从实验台上取了个缸子，又弄来一条金鱼，开始做实验，结果溢出的水的体积与金鱼的体积一样。第二天一上课，她就问物理学家朗之万，为什么给他们提出一个错误的结论，并详细地描述了自己的实验经过和结果。

物理学家朗之万听完，赞赏地笑了，同学们也都对伊伦投去了敬佩的目光。

当哥白尼的“日心说”打破传统神学“地心说”时，解放了人们的思想，推动了社会进步；当伽利略自制天文望远镜观测到传统无法解释正确的理念时，宇宙被发现，人类向前迈步；当牛顿用三棱镜反射出七彩斑斓的色彩时，打破传统三棱镜无法反射的束缚，斑斓的色彩世界被发现。

可见，只有敢于质疑传统，挑战权威，敢于发表与别人不同的见解，人类才能不断向前进步。只有敢于突破陈规旧说，解放思想，社会才能日益快步繁荣。

大胆质疑，挑战权威需要批判精神、怀疑态度和坚持自己的观点。“光纤之父”高琨一生研究导体材料，当传统权威认为光不能在玻璃中传播时，高琨大胆质疑，经过无数研究多次试验，最终在他的实验下推动了一场“社会革命”，继之而来的是光纤玻璃的推广运用。

同样，大胆质疑，挑战权威需要创新意识和科学的精神。19世纪中期，随着资本主义的发展，达尔文敢于挑战“神创论”，打破传统教会的权威，以生物进化论的角度来探寻人类的演进，揭示了社会发展的客观规律，推动了人类社会在自我认知水平上的一大进步。

然而，现在有不少家长都只注重孩子的知识、分数和文凭，忽略了创造力的培养。在平时课堂中多数孩子少主动参与，多被动接受，少自我意识，多依赖集体，缺乏创新意识和创造能力。未来社会最需要的不是分数而是能力，最值钱的也不是学历而是创造力。没有了创造力，社会将不再进步，任何一种创造力都是推动社会前进的基石，因此，社会的发展是离不开创新的。

正如世界上没有完全相同的两片树叶一样，世界上也没有完全相同的两个答案。孩子在学习过程中，一方面要在老师的指导下获取知识，另一方面也不要被教师的思维所束缚。要敢于怀疑，敢于提问，敢于发表与别人不同的见解，敢于对课本、参考书、教师提出挑战，只要具有这种信心和勇气，孩子的创新意识就能树立起来，创新能力就会得到提高，孩子的个性素质也会得到发展。

当然，倡导孩子独立思考的创新精神，不盲目效仿别人的想法、说法和做法，不人云亦云，不唯书唯上，坚持独立思考，说自己的话，走自己的路，并不是不倾听别人的意见、孤芳自赏、固执己见、狂妄自大，并不是虚无主义地怀疑一切，而是要团结合作、相互交流，每一次的质疑都要有事实和思考的根据。

温馨小贴士

怎样才能让孩子做到敢于发表与别人不同的见解？建议做到以下几点：

1. 保护孩子的好奇心。研究发现，好奇心与创造性的发展存在着紧密的联系。好奇心既是发明创造的源泉，又是创造性活动赖以进行的重要动力。因此，保护孩子的好奇心能促使他们对学习拥有浓厚的兴趣，从而促进其创造性思维的进行。

2. 解除怕犯错误的心理。孩子怕犯错误是阻碍独创性发挥的一个重要因素，因此在用知识武装孩子的同时，要鼓励孩子大胆发言，善于观察，勤于动脑，敢于动手，敢于把自己的发现告诉别人，解除孩子怕犯错误的恐惧心理。

3. 鼓励孩子向有创造性的人学习。小孩子模仿尝试的欲望极强，让孩子与有创造性的人接触或讲一些爱迪生、居里夫人、达尔文等科学家的故事，使孩子在潜移默化中受到熏陶，这对孩子创造力的发展起着重要的作用。

习惯11　学会整理学习用品

整理学习物品，看起来是一件无关大局的事情，实际上是一种对孩子很重要的自理能力的培养。让孩子学会自己整理学习用品，不仅能使孩子体验到整理过程中的快乐，而且也能培养孩子自己事情自己做的好习惯。

上课时，王刚的学习用品随意摆放，数学练习本下有时垫着语文课本，语文课本中又夹着钢笔和作业本。

有一天，王刚的英语课本正好在桌子边缘，上面还放着文具盒。他刚要做题，英语课本和文具盒就掉到地上，静悄悄的教室里一声巨响，大家都被吓了一跳。等到王刚把地上的东西整理好，把心定下来开始做题时，已远远地落在同学们的后面。

王刚的课本、笔记本、钢笔等学习用品随意摆放，临到用时到处找，不仅影响了其他同学学习，他自己也非常着急。他的铅笔刀买一个丢一个，辅导书有一本没一本，书包、课桌整天杂乱无章，想找点东西总是耗时费力，影响学习情绪，还打乱了学习的计划安排。

时间久了，他形成了急躁情绪，做任何事情都不能专心，做任何事情都随随便便，更谈不上取得优秀的学习成绩了。

在生活中，我们经常发现有些孩子不仅学习成绩好，而且各种生活习惯也好，比如学习用品摆放得整整齐齐，课桌上教科书摆得井然有序，抽屉里的笔墨纸砚有条不紊。在这样一个良好的环境里学习，自然就会心情舒畅，注意力集中，思考不受干扰，学习效率高。

让孩子自己整理学习物品，看起来是一件无关大局的小事情，实际上是对孩子自理能力的培养。整洁、有条理，不仅是孩子安心学习的前提条件，还是纪律性和内心修养的表现。如果我们把学习用品摆放得杂乱无章，毫无条理，一方面让人看了不舒服，另一方面用起来也不方便，更重要的是这是一种不良习惯。

当然，孩子年龄小，很多时候还是会把物品随意乱放，这时我们不要包办代替去收拾，而是去提醒他自己整理，甚至偶尔的几次“惩罚”，也会收到很好的效果。日久天长，孩子的自理能力会有明显的提高。

有些时候，父母可以与孩子共同整理学习用品。共同整理，一是让孩子体验这一过程的快乐；二是让孩子知道学习是自己的事，应该自己的事自己做。

温馨小贴士

怎样才能让孩子做到随手整理自己的学习用品？建议做到以下几点：

1. 分类摆放。有条件的家长可以给孩子准备一个小柜子或者准备一个小书橱，教孩子将故事书、课本、练习本等分类摆放。

2. 自己动手。让孩子每天按照课程表自己整理书包、收拾文具，以便能带齐学习用品。孩子自己整理书包和文具盒，开始会手忙脚乱，丢三落四，家长要有耐心，从旁多加指点。

3. 井然有序。让孩子学会把学习用品分类放置，例如，把经常用的课本等物品放在上面，不经常用的物品放在下面，做到桌面和桌洞都井井有条。

4. 养成习惯。让孩子每次写完作业后都整理一下自己的学习用品，保持书包内外的整洁和书包内学习用品有条理放置。

习惯12　书写工整，卷面整洁

字写得如何，往往反映出一个人的学识、性格、气质、风度等。对于每个孩子来说，写字不仅可以巩固知识，而且在练字的过程中还提高了审美能力，对培养孩子的意志和一丝不苟的学习品质也会起到不可估量的作用。

古时候，有个秀才是出名的"草字先生"，写的字如金蛇狂舞，极难辨认。

一天，秀才诗兴大发，挥笔疾书律诗一首。写罢，秀才兴冲冲地叫来书童，命他快去誊写。

过了一会儿，书童垂头丧气地拿着诗稿又回来了，向秀才说："先生，这上边的字我一个也认不出，请先生指教。"秀才拿过诗稿横看竖看，突然生气起来，大声说："你为什么不早来问我？现在我自己也认不出来了！"

这个故事说明，写字一定要工整，不然字迹潦草谁也看不懂，即使文笔流畅，理论高深，也是白费力气。

常言道："字如其人。"从一个人的字可以看出一个人的品行和素养。每个人都渴望写一手漂亮的字，父母都希望孩子的字写得端正美观。可是，总有些孩子的作业本，那上面的字难以辨认，真叫人摇头又叹气。

如今，不少考试专门设有卷面分。一份书写工整、没有涂抹的试卷，总能给阅卷老师一个好的印象，老师就常常自觉不自觉地据此来打"印象分"。卷面书写得好与坏将直接影响到阅卷人对书写者学习态度、学习质量甚至个人素质的评价，很可能给那些字迹潦草、涂抹得脏兮兮的试卷打得分就要低一些。

从另一个方面看，一个能够认真对待书写的孩子，往往也能认真对待学习及其他许多事情。相反，一个连字都不愿好好写的孩子，很难做好别的事情。

孩子对写字不感兴趣、书写不工整、卷面不整洁的原因有以下几个方面：

● **练字量过大，练字时间过长。**比如有的家长为了让孩子练好字，每个字要写十多遍甚至几十遍。重复地、枯燥地练字让孩子感到很疲劳，也很无聊，对练字产生反感。

● **家长反馈不及时。**有时孩子用心写的字得不到家长的鼓励，没有成就感。孩子字写得不好时，家长进行批评挖苦，孩子就会从内心讨厌练字，甚至讨厌写字。

● **家长的错误指导。**还有的家长字写得很好，但是在辅导孩子写字时，喜欢对字的某一笔画花功夫描述或指导，如横要斜一些，点有多种写法等。但是家长往往容易忽略孩子的心理特点。在孩子练字之初，应多强调字的结构和位置等比较大的方面，而不是苛求对具体笔画的把握。还有的家长缺乏耐心，看到孩子的字写得不好，他就开始斥责孩子，或者干脆撒手不管，让孩子自己练去了。这样，孩子练字的积极性就会受到影响。

● **孩子练字与平时写字的态度不同。**有些孩子在练字的时候很认真，一笔一画地写，写得很慢，也很工整。但是，到了实际写作业或者考试的时候就像变了一个人，写字飞快，字迹潦草。这是因为孩子没有明确练字的目的和意义，认为练字和平时作业就是两码事。但是等开始做作业了，家长就把注意力放在孩子作业的对错上了，顾不上孩子的字写得怎么样了，这样练字和写作业就是两张皮了，练字时一笔一画，规规矩矩，而到了做作业时，只要对了就行，字写得怎么样就不管了。

● **孩子写字工具不合适。**孩子在写字时，如果用的笔不合适，就很难练出好字。比如有的孩子的笔杆儿很粗，是各种卡通笔之类的。这种卡通笔做得很好看，孩子们觉得好玩，但是这种笔不适合用来写字，特别是练字。孩子如果习惯用这种笔来写字的话，就很难练出好字。还有的孩子很节俭，用很短的铅笔头写字，这也是不好的，会影响孩子写字时的用力。而且孩子用这种短笔，握笔姿势和坐姿都难以保证，头经常也很低，容易影响视力。有的孩子为了把字写得很整齐，习惯在写字的时候用尺子在下面挡着，这样写出来的字倒是都在一条横线上，但是字下端的笔画都会严重变形，这样是练不成好字的。还有的孩子习惯用橡皮，写得不好就擦掉，做作业时不停地用橡皮擦来擦去。这种习惯也不好，影响孩子写字的流畅性。这样写出的字自然还是不错的，但是没有效率，当孩子着急写字的时候，写出来的字就不能保证较高的质量了。

温馨小贴士

针对部分小学生写字不工整现象，可从以下方面加强训练：

1. 基本笔画写正确。让孩子把基本笔画写正确并非难事，但有时孩子看到的和老师讲的存在偏差，不知如何做才好。如，老师要求横平竖直，实际书写中的横一般不是平的，是长横像扁担短横微上扬。有时，印刷体与手写体也存在差异，需让孩子知道哪些可以模仿，哪些不可效仿。

2. 笔顺纠正要跟上。人们都爱走捷径，力求省时省力，小孩子也不例外。写“口”，有的学生转个圈；写“连”，有的学生先写走之旁。针对笔顺错误现象一定要从一年级加强指导，及时指正。有的孩子笔顺不正确是学前写字所致，不及时纠正就会让孩子被动巩固错误，一旦孩子把错误笔顺当成习惯，就难于纠正了。

3. 选好写字的工具。工欲善其事，必先利其器。要练好字，就要选对写字的工具。家长要指导孩子选择合适的书写工具。二年级学生一般使用铅笔，尽量选用 HB 型号的。有的孩子喜欢用自动铅笔，但是这种铅笔的笔芯细而脆易折断，建议小学生不要使用自动铅笔书写。

4. 培养孩子整体观。每个汉字都有整体美，从汉字整体的高度俯视比看一个个笔画要美观许多。因此，要让孩子学会看一个字写一个字，而不是看一个笔画写一个笔画；同样，抄写词语时要看一个词语写一个词语，抄写句子时要看一句话写一句话。培养孩子的整体观念，不但有助于孩子把汉字写工整，而且有助于孩子提高写字速度。

5. 让认真成为习惯。有的孩子心浮气躁，稳不下心来，笔画轻浮，写出来的字必然不耐看。认真应该是伴随孩子一生的习惯，不仅写字，为人处事的各个方面都应该认真对待。同时，汉字传承的是祖国文化，写字时应该是庄重的，嘻嘻哈哈，心不在焉，既是不尊重汉字也是良好习惯没有养成，写出来的字必然凌乱不堪。

习惯 13　课后及时复习

“温故而知新”，只有时常温习所学过的知识，加以梳理和巩固，才能不断吸收和了解新的知识。所以，要养成课后及时复习的习惯，趁热打铁，及时巩固，这样才能提高学习效率。

有一个叫王思的孩子，她不仅在课堂上专心听讲，还经常在课后整理课堂笔记和复习所学过的内容以加深印象，检查自己的听课效果。

王思经常说，课堂笔记是上课要点的记录，不能记过就扔到一边，需要把它整理成系统的复习材料。每当她结合教材整理课堂笔记的时候，便把记得不完整的补充完整，把记得不太准确的修改准确。

王思认为，整理课堂笔记其实也是发现缺漏、加深印象、强化记忆的过程。同时，经过整理的课堂笔记，也是考试前最有用的复习资料，到时候，只要看看课堂笔记就可以迅速回忆起有关的知识。

由于王思坚持进行课后的整理和复习，因而她所学的知识深刻扎实，学习成绩一直名列前茅。

“学而时习之”“温故而知新”是著名的思想家、教育家和儒家学派的创始人孔子的一句关于学习方面的名言。孔子认为，对于学过的东西，应该时常加以温习，在此基础上去获取其他方面的更多知识。

心理学家研究表明，新学过的知识在 24 小时内最容易忘记，这是大脑遗忘规律的表现。因此我们每天要主动地复习当天所学的知识，不要等深度遗忘后，再去费力地记忆。许多孩子做作业时，拿起题就做，一旦遇到了困难，才又回过头来翻书、查笔记，这是一种不良的学习习惯。

复习，重在平时，贵在经常。课后复习越及时，遗忘越少。时间过长，再复

习等于重新学习,会花费更多的时间。当天讲的内容当天复习,每个周日还应对一周所讲内容进行复习,每月进行一次知识总结,养成总结归纳的习惯。

学习重在方法,好的学习方法让学生事半功倍。苏联教育家苏霍姆林斯基说过:“复习是学习之母。”课后复习是学习的重要环节,是与遗忘斗争的有力武器。只有时常温习所学过的知识,加以整理和巩固,才能不断吸收和了解新的知识。所以,要让孩子养成课后及时复习的好习惯,做到趁热打铁,及时巩固,这样才能提高学习效率。

温馨小贴士

怎样抓好这一环节从而提高学习效率呢？建议做到以下几点：

1. 学会及时复习。著名心理学家艾宾浩斯对遗忘现象研究发现,人们对学到的新知识,1 小时后只能保持 44%,两天后只留下 28%,6 天后只剩下 25%。这些数据表明,知识刚学过之后,遗忘特别快,经过较长时间以后,虽然记忆保留的量减少了,但遗忘的速度却放慢了。因此,当天课堂上学过的新知识,当天课后还要及时再复习,绝不能只把老师布置的书写作业做完了事,应看看书,理一理知识的脉络,该背的要背,该写的要写,该想的要想。

2. 学会“过电影”。复习时可以采取“过电影”的方式,让孩子在头脑中搜索一下课堂上老师讲解的知识,努力将所学知识回忆出来。若实在回忆不上来,再翻开课本或笔记阅读对照。

3. 学会系统整理。让孩子在每周末都对学过的所有知识进行一次系统整理。特别是要让孩子学会对着教材的目录、章节题目,进行回忆整理。

4. 学会建立错题集。让孩子建立一个错题集,不论是平时作业,还是考试卷,老师阅完发回来后,要让孩子把错题单挑出来,把不懂或做错的问题记下来,重点复习。

5. 学会利用时间。要最大限度地利用时间复习,特别是平时一些闲散、短暂的时间都要利用起来,还可以把每科的基础知识做成一张张小卡片放在身边,以便随时拿出来复习、巩固。

习惯14 按时独立完成作业

独立完成作业是认真主动学习的表现，是积极动脑探索的表现，是一种良好的学习习惯。只有经常动脑思考，独立完成作业，才能真正掌握知识，提高学习成绩。

张鸣和刘扬是好朋友，两个人时常一块儿学习。

一个星期天，张鸣和刘扬在一起写作业，张鸣很快就完成了作业，可有一道数学题刘扬思考了好长时间也没想出来，这时候有几个小伙伴来找他们做游戏。

张鸣对刘扬说："你别想了，他们都在等我们玩呢，你抄我的答案吧。"

刘扬说："不，你先和他们玩去吧，我再想想。"张鸣说："你学习成绩那么好，老师不会怀疑你的，你快点抄吧。"张鸣边说边把自己的作业本放到刘扬面前。

刘扬把张鸣的作业本轻轻拿到一边，诚恳地对张鸣说："我再好好想想，实在做不出来我再向你请教吧。"刘扬说完又低头思索起来。

院子里的小伙伴玩得高兴极了，可刘扬依旧坐在书桌旁紧皱眉头认真地思索，最后终于做出来了，他的脸上露出了笑容。

刘扬又认真地重新演算了一遍，然后很满意地一边收拾学习用品一边说："这道题给我的印象太深了，以后再遇到这样的题，自己就能解答出来了！"

刘扬坚持不抄袭别人作业，不仅有利于自己积极动脑主动学习，而且有利于培养自己克服困难的勇气和恒心。

做作业是加深知识理解、巩固教学所得的主要方式，做一个好学生必须有学习责任感，而按时独立完成学习任务是具有学习责任感的具体表现。一个

好学生到了该学习的时候就应该放下一切主动地去学习，应该自己完成的作业决不让别人代替。

但是，有些孩子不愿自己下功夫做作业，要么在学校抄袭他人做的作业，要么在家里缠着家长替他解答、替他检查。这样的孩子即使每天交了作业也是很难掌握真知的。

要想培养孩子按时独立完成作业的习惯，就得要求孩子放学后先完成作业再去玩。做作业时一般要求孩子自己读题目，自己思考，而不是看孩子有困难，立刻帮其解答。只有这样，才能让孩子从小养成独立完成作业的习惯。

温馨小贴士

作为父母，关注一下孩子的家庭作业，不仅是做父母的责任，更是父母与孩子沟通的一种方式。在学习上，如何才能让孩子做到按时独立完成作业呢？建议做到以下几点：

1. 帮孩子端正态度。家长必须帮助孩子提高对学习的责任感，要让孩子明白，每天保质保量地按时完成作业是他必须要做到的，是他作为一个学生应尽的职责，没有任何可以讨价还价的余地；家长还必须帮助孩子提高对家庭作业的重要性的认识，要让孩子明白做作业是掌握好知识不可缺少的一个环节，是课堂学习的延续和拓展，是巩固知识和提高学习成绩的必不可少的重要手段，并不是可有可无的。

2. 一心一意做作业。有的孩子写作业时没有专心投入，"附加动作"太多，一会儿东张张西望望，一会儿摸摸这玩玩那，还有的孩子喜欢几个人凑在一起边聊天边写作业，或者喜欢边听音乐、边看电视、边吃零食边写作业，如此三心二意当然不能保证作业的质量和效率。因此，家长应当要求孩子在做作业时集中注意力，不要做与作业无关的事情，书桌上也不要摆放令孩子分心的东西，在孩子做作业时也不要去打扰，如问"今天在学校表现好不好，有没有受老师表扬""肚子饿了吗，要不要吃点心""做几道了？还有几道"等无关紧要的问题。

3. 合理安排作业时间。父母应当督促和教会孩子合理地安排每天做作业的时间，比如，能在学校里完成的就不要带回家里；放学后不要先去玩个够，等到精力耗得差不多时才去做作业；做作业前要事先准备好学习用具(铅笔、水彩笔、白纸、书本等)，不要等到用的时候再临时去找；在做作业时要看清题目、审清题意后再动笔，不要做了之后才发现题目搞错了或没有按题目的要求去做；做作业时遇到不会的题，可以先绕过去，先做其他会做的题，不要停在那里无谓地消耗时间。

4. 注意劳逸结合。孩子做作业是要动脑筋的，如果连续思考问题的时间较长而得不到休息，大脑就会疲劳，就会出现大脑运转速度缓慢的现象，这时孩子的学习效率就会下降，错误率也会增高。如果让孩子适当地休息，疲劳消除后其学习效率反而会提高。一般来说，学生连续做作业的时间不宜超过1小时。

5. 不要陪孩子写作业。有些家长喜欢在孩子写作业时陪在一旁，这可以说是一个很不好的做法，不仅自己的很多事情都耽误了，而且实际效果也不理想。陪孩子写作业会养成孩子的依赖性，有的孩子每写一道题就问家长"对不对"，或者作业稍有难度就不愿动脑，问家长"怎么做"。有的孩子则是家长陪在一旁时表现还不错，可家长若有事不陪时作业则一塌糊涂。陪孩子写作业还会造成亲子关系的紧张，有的孩子可能认为父母在一旁是在"盯着"自己，是在"监视"自己，是对自己的不信任，个性较强的孩子会因此而对父母产生强烈的逆反心理甚至是对抗行为。

习惯15 培养浓厚的读书兴趣

书籍是人类进步的阶梯，读书能够提高我们的文化素养，一个爱读书的人，必定是一个很有素质的人。“生活里没有书籍，就好像没有阳光；智慧里没有书籍，就好像鸟儿没有翅膀。”一个人只有对读书产生浓厚的兴趣，才能把书读好。

高尔基小时候，家里生活很贫苦，他只上过5个月的学。

11岁那年，他成了孤儿，被迫到一个绘图师家里去当学徒。贫困剥夺了他上学的机会，可他却千方百计地找书看。

白天，他干着那些永远干不完的活，到了晚上，他就想把全部的空闲时间用来看书。可是主人却不允许他读书，高尔基只好等主人一家全都睡觉后，再偷偷地到楼顶小屋里去读书。没有灯，他就借着月光，还别出心裁地用一只铜锅把月光反射过来，这样就可以看见书上的字了。在没有月光的夜晚，他就爬上高高的木凳，在主人家供奉圣像的长明灯下，借着微弱的灯光看书，有时一站就是几个小时。

绘图师家里的老板娘经常到阁楼上去搜书，一发现高尔基读书，就打他、骂他，烧他的书。这些都没有动摇高尔基刻苦读书的决心。他说：“我扑在书籍上，像饥饿的人扑在面包上一样。”

有一次，老板娘出门买菜去了，高尔基拿起一本书就看起来。由于他看书着了迷，结果把空水瓶放到了烤炉上，把水瓶烧坏了。老板娘回来后发现了，气得用木棍对着高尔基的背上抽，有42根刺扎进了高尔基的后背里，肿起了很多大包，他当场晕了过去。

在医院，医生轻轻地把高尔基背上的刺拔了出来，对高尔基说：“老板娘不让你看书，还打你，你可以去法庭告她！”高尔基吃力地说：“如果她能让我看书，就是挨打我也愿意。”

把读书当作超越一切的享受使高尔基积累了渊博的知识，后来成为世界著名的文学家。

“腹有诗书气自华。”阅读是一种终身教育的好方法。热爱阅读可以改变孩子的一切，使孩子受益终身。多读书，不仅能增进人的文化素养，而且能改善人的气质，净化和滋润人的心灵。“读一本好书，就是和许多高尚的人谈话。”如果我们真正把阅读当成一种乐趣、视作一种享受，那么就能在阅读中感受快乐，获得美感，进而增长知识，涵养精神，提升道德水准，升华人格。

课外阅读还具有很重要的现实意义，它不仅能巩固和扩充孩子在课内所学得的知识，还可以开阔孩子的视野，激发孩子学习更多知识的积极性。更重要的是，为未来培养良好的学习习惯，打下良好的基础。调查发现，凡是在高中或大学优秀的学生，无一例外都是在广泛的阅读中度过了小学阶段。

可是，有的孩子为什么不爱读书呢？

- 孩子对父母为他买的书没兴趣，因为家长是从成人的角度为孩子选择读物的，没有充分考虑孩子的年龄特点和个性。
- 孩子的课余时间几乎被更有趣味的电视、电脑、电子游戏占满，挤占了专心读书的时间。
- 父母对孩子的阅读引导不到位，没有抓住孩子的兴趣和好奇心。
- 家长让孩子阅读的功利性太强了，又是让孩子做读书笔记，又是让孩子写心得体会，搞得孩子读书兴趣全无。

假如有的孩子实在不爱读书，家长一定不能以暴力或要挟的方式来强迫孩子去读书，这样会在孩子心里留下阴影，并对孩子以后的成长造成很大的伤害，严重的还会让父子反目。

温馨小贴士

怎样培养孩子浓厚的阅读兴趣？这是每位家长比较为难的事，建议做到以下几点：

1. 营造浓厚的读书氛围。如果想培养孩子读书的兴趣，那么父母就应该常带孩子逛书店、买书，并经常在家里读书看报，向孩子讲述书中有意思的故事、娱乐性的内容或科普知识等。经过长期的耳濡目染，孩子自然就会产生对报刊、书籍的兴趣，从而把家长的愿望变成孩子自觉的行动。试想，如果父母一天到晚喝酒打牌，很难想象这样的家庭氛围会培养起孩子的读书兴趣。

2. 选择适合孩子读的书。根据孩子的年龄、心理特征、兴趣爱好等，给孩子选择适当的书籍，让孩子以书为友，让书籍伴孩子成长。

3. 培养孩子的读书习惯。让孩子坚持每天阅读15分钟，当读书习惯成自然后，可随着他年龄、理解能力、知识结构的增长，增加阅读时间和阅读量，也可让孩子自行制定合适的量。

4. 教给孩子正确的读书方法。告诉孩子要尽量一口气读完，哪怕不求甚解，也不能半途而废。

5. 将书摆在孩子拿得到的地方。孩子刚识字时，对书本是充满兴趣的，他特别想找书来看，因此家里的书最好摆在让孩子拿得到的地方。

6. 让书融进孩子的生活中。父母可以让家里飘着浓浓的书香味，平时出门，可以带一些书本回来，以便让家里的书柜变得更充实，让孩子和看书阅读融为一体。

习惯16 不动笔墨不读书

"好记性不如烂笔头"，不动笔墨不读书是良好的读书方法。不动笔墨不读书，就是要善于把书中重要的精华部分记录下来。不动笔墨不读书，不仅可以强化记忆、训练思维，也可以积累知识、练习写作，还有利于扩大孩子的知识面，提高分析综合能力。

1921年，毛泽东在长沙清水塘组织建党工作和工人运动。当时，他喜欢看的书中有一本《伦理学原理》，这本书，他已经读了好几遍，但仍然爱不释手。

可是，这本书被一位朋友借走了。这一借就是30年，直到1950年，新中国已经成立了，那位借书的朋友才委托别人将书还给毛泽东。

毛泽东惊喜地接过书，高兴地翻了翻，笑着说："我当时喜欢读这本书，有什么意见和感想就随时写在书上，现在看来，这些话有好些不正确了。"

这本《伦理学原理》，不知经过多少次翻阅，封面已起了不少折皱，布满了斑痕。在书页的天头地脚、字里行间，都密密麻麻地写满了字，这些字是毛泽东用毛笔小楷认认真真、工工整整写下的，还有不少标记符号。这些都是毛泽东读书时的心得体会。这本《伦理学原理》不过10万字，而毛泽东在书的空白处写的毛笔字，少算也有12000字。毛泽东当年读书是多么认真刻苦、勤于思考啊！

毛泽东在湖南第一师范读书时，就养成了"不动笔墨不读书"的好习惯，在那五六年中，写下的各种笔记本就有好几网篮。即使在后来，参加了革命，当上了国家领导人，读书时，仍然坚持"不动笔墨不读书"。从现存的毛泽东读过的大量书籍中，随处都可以看到他点点圈圈、条条线线、朱墨纷呈、潇洒自如的笔迹，这都是毛泽东读书时勤于思考的结晶。

生活中有的孩子喜欢读中外名著，几十部上百部地读，但别人问他这些书好在哪里，差在何处，他却张口结舌，无言以对。读了那么多书也只是过了一遍，脑子只起了一个漏斗的作用，没留下什么东西。

常言道，“好记性不如烂笔头”，这句话的意思是：一个人的记性再好，也不如用笔经常去记记。因为人的记忆是有限的，时间一天一天地过去，你记得东西越多，前面的东西就会忘记得越快；如果用笔记下来，想用的时候，就很方便。

“最淡的墨水，也胜过最强的记忆。”为了使孩子做到“开卷有益”，不妨让孩子养成这样的习惯——不动笔墨不读书。不动笔墨不读书，就是要做到“眼到、口到、心到、手到、脑到”，读书时用笔圈圈点点或写读书笔记，能够帮助孩子记忆，掌握书中的难点、要点；有利于储存资料，积累写作素材；也有利于扩大孩子的知识面，提高分析综合能力。

研究表明，对于同一段学习材料，做笔记的学生比不做笔记的学生成绩提高两倍。这是为什么呢？因为：

- **记笔记有助于指引并稳定读书的注意力。**光读不记，则有可能使孩子的注意力分散到读书以外的其他方面。

- **记笔记有助于对学习内容的理解。**记笔记的过程也是一个积极思考的过程，促进了对文章内容的理解。

- **记笔记有助于积累资料，扩充新知。**笔记可以记下一些新知识、新观点，不断积累，便获得许多新知识。

不动笔墨不读书，是很多人体验、总结出来的良好的读书方法。阅读能力的提高不是一朝一夕的事，对于提高孩子读写能力来说，这是一种很重要的基础训练方法，坚持不懈，必有成就。

温馨小贴士

在读书的时候，需要注意些什么呢？建议你的孩子做到以下几点：

1. 在书上作批注、评点。在读书时，鼓励孩子在空白处写写画画，学会在书上做简单的符号，如用“○”表示生字难字；用“——”表示好词；用“?”表示不懂的地方等，并让孩子写上自己的感受。这种方法不仅可以不打断阅读的流畅性，又可以培养孩子边思考边读书的习惯。

2. 给孩子准备一个读书笔记本。父母为鼓励孩子，可以给孩子准备一个笔记本，起一个诸如“珍贝集”之类的名字，坚持动笔摘抄好词佳句，为写文章储备资料；还可以在上面写随笔，随时记录自己的心情或是读书后的感受，养成写读书笔记的好习惯。

3. 不断积累读书资料。鲁迅曾说过：“无论做什么事，如果继续搜集资料，积之十年，总可成一学者。”我们应鼓励和指导孩子，在读书时尽量多地搜集资料，可以摘录、做读书卡片，也可以把书籍、报刊上的有用资料剪裁下来，粘贴在一个大本子上，按照一定的顺序放在一起，然后分别装订成册，日积月累它们就是孩子自己编辑的一本本书了。

习惯17 培养广泛的兴趣和爱好

“哪里没有兴趣，哪里就没有记忆。”兴趣是智慧的火种，求知的源泉，成长的推动力。每个孩子都有自己的兴趣和爱好，这些兴趣和爱好中蕴藏着孩子的特长，如果父母没有去关注，没有去发现，孩子的潜在特长会随着时间的推移而被埋没。

著名科学家达尔文，因一次考察，对某岛上动物外型的异样产生兴趣。也许我们会奇怪一阵子，就逐渐淡忘，但达尔文却不罢休，进入更深一层的研究，用了22年时间写成了《物种起源》一书，提出进化论。推翻了多年以来“世界上的一切生物都是上帝创造的”的说法。如果不是兴趣促使他锲而不舍地探讨，也许我们至今仍在信奉着神的创造。

爱因斯坦是20世纪最伟大的科学家之一。他那与众不同的大脑里充满了强烈的好奇，只要他感兴趣的便会努力钻研。爱因斯坦说过：“兴趣是最好的老师。”他四五岁时，就对指南针发生兴趣，长时间摆弄，他惊异那小针为什么总是指着同一方向。他还不厌其烦地搭积木，直到把那又高又尖的“钟楼”搭好为止。正是这种浓厚的兴趣和伴之而来的思索、追求，使他成为近代史上最伟大的物理学家。

我们知道，孩子对周围世界充满了好奇心，对社会、自然及各方面的知识都会产生浓厚的兴趣。兴趣是求知的动力。孩子对某一方面知识产生了兴趣，必然会不断地接触、探求，使孩提时代的兴趣逐步强化，从朦胧、不稳定的意会变为较明确、相对稳定的志趣。志趣进一步发展，则成为终身为之奋斗的志向。儿童兴趣爱好非常广泛，但保持时间短，特别是新鲜劲一过或一遇到困难便会退缩、回避。爱迪生热爱发明事业，成了大发明家；比尔·盖茨因爱好软件事业而投身其中，终于成为世界首富。所以，培养儿童的正当爱好和兴趣，对一个孩子成才至关重要。

常言道："萝卜青菜，各有所爱。"每个人都有自己的兴趣和爱好，兴趣和爱好就是自己喜欢做的事。既然愿意去学，做父母的就应该竭尽全力去支持。兴趣爱好可以丰富孩子的生活，增强孩子的自信心和自豪感，还可以使孩子多学很多技巧。俗话说技多不压身，多学点没坏处，在今后的道路上，多才多艺的孩子才更有发展潜能。

但是，爱好不等于兴趣。不少家长把"兴趣"和"爱好"两个概念等同起来，发现孩子爱好某一事物时，就认为他对其产生了兴趣。其实在这两个概念中，"爱好"的范围很广，所含感性因素偏多，而兴趣是人们对某一事物高层次的需求。就比如有些学生喜欢看电视，这只能说他爱好看电视，而非兴趣。所以，家长培养孩子的兴趣要多样化，但不能太滥，要让孩子专心致志地集中到一两门主要兴趣上，而把其他的兴趣作为一般爱好就行。家长只有认识到这一点，把它们区分开来，才能有效地对孩子兴趣加以引导和培养。

温馨小贴士

随着素质教育的深入，家长越来越注重对孩子兴趣和爱好的培养。孩子兴趣广泛又有所长是许多家长的心愿，那么如何培养孩子的兴趣和爱好呢？

1. 启发和引导孩子的求知欲。小孩子特别爱问"为什么？""这是怎么回事？"面对孩子千奇百怪的问题，有的家长则会显得不耐烦。然而，这些问题恰恰是求知的萌芽，家长应该耐心面对，用通俗易懂的语言为其解释。要珍惜孩子的好奇心，不要一切包办，要耐心、仔细地引导孩子打开创造性思维的大门，满足他们的求知欲。

2. 针对孩子的特点培养兴趣。培养孩子的兴趣爱好要针对孩子的特点，不能完全凭家长的好恶而主观臆断。要根据孩子的性格、气质选择最适合孩子的项目。

3. 学会鼓励和欣赏孩子。家长是孩子心目中的第一个权威评价者，他们渴望得到家长的肯定。如果家长总是“打击”孩子，有可能摧毁其求知欲。因此，当孩子做得好时，家长可以适时表扬；当孩子做得不好或者失败时，要先发现孩子有创造性的一面，然后再鼓励他们。

4. 持之以恒，注重养成。“天才，就是强烈的兴趣和顽强的入迷。”不论学什么，都必须经历一个过程，不应过分追求成才的速度。在培养孩子兴趣的同时，应注意其他方面如性格、品德等的养成，训练孩子的恒心和毅力，培养孩子虚心好学及戒骄戒躁等优秀品质。

5. 期望值不要太高。很多家长对孩子的期望很高，认为现在孩子下了苦功将来定会成名成家，甚至有的家长培养孩子的目的就是为了成名成家，家长应该走出这一认识的误区。培养孩子的兴趣是为提高孩子的素质，无论将来能否成名，高雅的兴趣必将会使孩子受益终生，这就是做父母的真正成功之处。

习惯 18 学会用眼睛观察

一个人成功与否，是与自身敏锐的洞察力分不开的。学会用眼睛观察，是一个人非常重要的习惯，是孩子认识事物的重要途径，是智力活动的基础，是完成学习任务的必备能力。只有用积极的心态去观察，才能得到我们需要的东西；只有观察，我们才能认识事物；只有观察，我们才能开动思考的机器。

1583 年的一天，伽利略早早来到教堂做礼拜。教堂的大门刚刚打开，他随着三三两两的人群走入大厅时，第一束晨光才从天窗中射进来。教堂里黑黑的，礼拜还没有开始，伽利略坐了下来，默默地开始了虔诚的祈祷。

忽然，伽利略觉得眼前渐渐明亮起来，地上却出现了一片桌椅的影子，并在不停地晃动着。他下意识地抬头看去，原来一个勤杂工在点燃教堂里豪华的大吊灯之后，没有把它放稳，大吊灯正在有节奏地摇摆着，使得桌椅的影子也随之晃动。

原来如此。伽利略正准备继续他的祈祷，这时他猛然意识到，大吊灯摆动的周期似乎总是恒定的。伽利略还发现，吊灯摆动的幅度虽然在逐渐减小，但周期始终是相等的。他为这一发现而兴奋，立即跑回家中。

回到家里，他先是爬上屋顶拴了一根长长的绳子吊下来，然后，把一切能找到的东西，诸如茶缸、书籍、枕头、椅子等依次拴在绳子上摆动计时。经过几天的观察发现，不管绳子吊着的物体多重，也不管振动的幅度多大，只要摆长一样，周期始终是相等的，这就是单摆的"等时性"。此时伽利略年仅 18 岁。

在这以后的一个时期里，伽利略决定运用这一原理研制一种精确的"摆钟"，并绘制出摆钟的图纸。但是由于各项科研工作的繁忙，他没来得及制作就与世长辞了。

几十年后，荷兰著名物理学家惠更斯在伽利略研究的基础上，又进行了多年的研究工作，终于在1656年实现了伽利略的遗愿，制成了第一架摆钟。

什么是观察？所谓观察，就是用眼睛去看，要远观近察，事事留心，时时注意，并养成一种习惯。

美国思想家、文学家爱默生说过："细节在于观察，成功在于积累。"观察是一个人认识事物的重要途径，是智力活动的基础，是完成学习任务的必备能力。没有敏锐的观察力，就谈不上聪明，更谈不上成才。细致是培养观察的基本要求，准确是观察的基本要素，全面是观察的基本原则，发现特点是观察的目的。

但现实生活中，有许多父母不注意培养孩子的观察力，抑制了孩子思考能力的提高。俄国生物学家巴甫洛夫说："观察，观察，再观察。"从很多科学家的经历来看，一个人的成功与否，与自身敏锐的观察力是分不开的。

学会用眼睛观察，是一个人非常重要的习惯，是孩子认识事物的重要途径，是智力活动的基础，是完成学习任务的必备能力。只有用积极的心态去观察，才能得到我们需要的东西；只有观察，我们才能认识事物；只有观察，我们才能开动思考的机器。

大多数孩子好奇心强，求知欲旺盛，父母应很好地利用孩子这一天性，经常带领孩子到大自然中去，去看春天的绿芽，夏日的鲜花，秋季的果实，寒冬的飞雪，这些都会开阔孩子的眼界，引起孩子的兴趣和思考。要引导孩子在尽情玩耍之中，观察到万物的悄然变化。只有这样，才能让孩子体验到观察的乐趣，学到书本上得不到的知识，从而培养和发展孩子良好的观察能力。

温馨小贴士

如何让孩子学会观察呢？建议做到以下几点：

1. 要鼓励和培养孩子观察的兴趣。一般说来，孩子都有观察的兴趣。父母可以进一步培养孩子的兴趣，发展孩子敏锐的观察力。在家里开辟一个生物角，让孩子自己播下种子，看看几天发芽，怎么发芽；帮助孩子养养小乌龟、小青蛙、小鸟、小蚱蜢，看它们怎样吃食，怎样睡觉。这些小生命会使孩子观察的兴趣更浓。父母可有意识地教孩子观察它们怎么运动、吃什么、怎么发声等等。观察兴趣的培养使孩子学会用探索和好奇的眼光观察世界。

2. 要教孩子学会精细观察。让孩子通过观察，找出不同事物的相同点和同类事物的不同点。例如，父母可在孩子参观动物园时让孩子区分猴和猩猩的差别，雄孔雀和雌孔雀的差别；也可让孩子观察晚上和中午时猫的眼睛的差别，观察各种树叶的相同点和不同点，不同种类的鱼的体形特点等。通过这种精细的比较、观察，孩子容易记住事物的特点和事物之间的差别。

3. 要培养孩子连续观察的习惯。有些事物在缓缓地变化着，观察一次并不能全面了解事物的变化，连续观察可以了解事物发展的全过程。比如，让孩子养一次蚕，养一次蝌蚪，让孩子观察蚕吃桑叶、蜕皮、结茧、成蛾的种种变化，观察蝌蚪变成青蛙时颜色如何变化，如何长腿、脱尾。

4. 要引导孩子带着问题去观察。没有问题的观察目的性不强，收获也不大。父母要给孩子提出一些问题，让孩子通过自己的眼睛去寻找答案。例如，可以问问孩子：大白菜的白色菜心放在阳光下会变成什么颜色？放在暗处会是什么颜色？紫色的牵牛花什么时间绽放？什么时间闭合？等等。

习惯19 倾听时，眼睛要看着对方

认真倾听，是一个人获取知识的重要渠道，是一种尊重他人的行为，也是一个人有良好修养的体现。只有让孩子学会倾听，才能帮助孩子学会思考、学会评价、学会表达；学会倾听，也会使我们的人生更生动、更精彩。

古时候，有个小国家派使者到中国来，他们给中国进贡了三个一模一样的金人。这三个金人金碧辉煌，把皇帝高兴坏了，可是这三个金人哪个最有价值呢？

皇帝想了许多的办法，请来珠宝匠检查，称重量，看做工，都是一模一样的。怎么办？使者还等着回去汇报呢。泱泱大国，不会连这个小事都不懂吧？

最后，有一位老臣来禀报说他有办法。

只见老臣胸有成竹地拿来三根稻草，插入第一个金人的耳朵里，稻草马上从另一边耳朵出来了；把稻草放入第二个金人的耳朵，稻草马上从嘴巴里直接掉出来；当老臣把稻草放入第三个金人的耳朵之后，稻草掉进了金人的肚子里，什么响动也没有。

老臣解释说："第三个金人最有价值！如果一个人不能耐心听他人讲话，从左耳朵进从右耳朵出，或者这边听了别人的谈话，那边就给传出去了，这样的人实在不是个有价值的人。"老臣还说："最有价值的人，不一定是最能说的人，而是那些能够耐心听他人讲话的人。"使者默默无语，信服地点了点头。

这个故事告诉我们，最有价值的人，不一定是最能说的人。老天给我们两只耳朵一个嘴巴，本来就是让我们多听少说的。善于倾听，才是成熟的人最基本的素质。

耐心听他人讲话，是一种良好的倾听习惯。对于孩子来说，学会倾听，意味着学会心灵与心灵之间的沟通。倾听，能帮助我们在同伴中建立信任；只有倾听，才能了解他人的思想、个性、爱好和期盼；只有倾听，才能捕捉到外界的信息，从而做出正确的思考和判断。

李刚同学是一个心直口快的人，在班会上或与别人谈话时，总是抢先发言。但当别人跟他说话时，他常常左顾右盼，心不在焉，甚至打断别人的讲话。开始，同学们碍于情面，对他这种做法并没有介意，可时间一长，同学们对他就有看法了，有的甚至不愿意与他过多来往。他很纳闷，为什么大家会这样对待自己呢？

李刚同学勇于表达自己的观点没有错，问题在于他没有很好倾听别人的讲话，眼睛也没有看着对方说话。左顾右盼是对他人的不尊重，久而久之，自然会引起别人的反感。

美国成功学大师卡耐基说过：**谈话时看着对方的眼睛，是最起码的沟通技巧。**倾听，是一种重要的学习技能，也是一个重要的学习习惯。孩子在课堂上只有认真倾听老师的讲话，倾听同学的发言，才能积极地参与到教学活动中，才能保证课堂活动有效地进行。

因此，在生活中不论孩子提出的问题是大是小，父母都要尽可能去倾听，而不要让孩子等。认真倾听孩子说话，有助于赢得孩子的信任，更有助于培养孩子与人交往、倾听他人的好习惯。

请记住：**看着对方的眼睛，然后开始一个有效的对话。**

温馨小贴士

倾听时应该注意哪些问题呢？建议你及你的孩子注意以下几点：

1. **保持良好的倾听姿态。**在听别人说话时眼睛要看着对方，一定要目中有人，不要东张西望，不要随便插嘴，要安静地听他人把话说完，不做其他无关的事情。

2. **要让对方感到自己在倾听。**倾听过程中，要运用眼神、表情等非语言传播手段来表示自己在认真倾听。尽可能以柔和的目光注视着对方，并通过点头、微笑等方式及时对对方的谈话做出反应；也可以不时地用“是的”“明白了”“继续说吧”“对”等语言来表示自己在认真倾听。

3. 尽量不要打断对方发言。要教育孩子学会专注性倾听，要尊重发言人，认真听完别人的谈话，在别人讲话时不随便打断，一定要让对方把话说完后自己再发言。即使有不同意见，也要等别人发言完毕再发表自己的意见。

4. 倾听时要学会思考和判断。要学会理解性倾听，听的时候要思考，要从倾听中有所获。

习惯20 学会自己搜集资料

收集和处理信息是一种很重要的能力，它对于孩子将来的成长尤其重要。家长应该让孩子从小学会查字典、看书、上网等方法，让孩子根据自己的需要搜集各种资料，从而获取新的知识，分析和解决所遇到的实际问题，为孩子将来的成长奠定坚实的基础。

矿矿在上二年级时，就开始搞“研究”了。第一次从矿矿嘴里听到“研究”一词时，着实让我乐了一阵。那时矿矿才8岁。

一天，他从学校回来，一进门就缠着他妈妈带他去图书馆。说是他正在做一个关于蓝鲸的研究，要去图书馆找参考资料。

“老师说了，研究论文至少要有三个问题，要写满两页纸。”

“才二年级，你懂什么研究？”看着儿子那一本正经的样子，溜到嘴边的话打住了，赶紧让妻子开车带着儿子上图书馆去。

临走之前我对妻子开玩笑地交代说：“如果市里的公共图书馆找不到好的参考资料，你们可以到迈阿密大学图书馆去看看。”

两个多小时后，母子两人抱着十几本书回来了。一进门，妻子就抱怨：“都怪你提什么到迈阿密大学图书馆。矿矿非让我带他跑了两个图书馆。还说老师说过参考资料要来自不同的地方。”

我翻了翻矿矿借回的“参考资料”，十几本都是儿童图画书。有的文字说明部分多些，有的少些，全部是介绍关于蓝鲸和鲸鱼的知识性书籍。

随着儿子对那十几本书的阅读及“研究”的深入，我和妻子也不断地从矿矿那儿获得有关蓝鲸的知识：蓝鲸一天要吃4吨虾；寿命是90到100年；心脏像1辆汽车那么大；舌头上可以同时站50到60人……

说实在的，我以前只知道蓝鲸很大，其他就不知道了。这回矿矿告诉了我不少我第一次听到的东西。

这样，矿矿终于完成了他有生以来的第一份研究报告——《蓝鲸》。

论文是由3张活页纸装订而成的。第一张是封面，上面画着一条张牙摆尾的蓝鲸。蓝鲸的前面还用笔细细地画了一群慌慌张张逃生的小虾。在封面的左下方，工工整整地写着By Kuangyan Huang(作者：黄矿岩)。论文含4个小题目：①介绍；②蓝鲸吃什么；③蓝鲸怎么吃；④蓝鲸的非凡之处。

我不知道矿矿是怎样决定这些小标题的，也不知道他为什么对蓝鲸的饮食问题这么感兴趣——总之，老师要求至少写3个题目，矿矿完成了4个。好歹也算超额完成任务了。小标题下的正文不过一两句话，既没有开篇段，也没有结论段，读起来倒也开门见山。

留美博士黄全愈在《素质教育在美国》一书中介绍了他的儿子矿矿在小学二年级研究“蓝鲸”的过程。老师不仅培养了孩子实事求是、追求真理、勇于创新的科学精神，而且在搜集、阅读资料的过程中，锻炼了孩子略读、浏览的能力。

在现实生活中，细心的家长也会发现，当孩子长到三四岁的时候，总爱收集一些“破烂”，像螺丝帽、牙膏盒、玻璃瓶、小棍子等一些毫不起眼的东西，都被孩子视为珍宝，百玩不厌。有许多家长采用了训斥孩子的方法，有的甚至一气之下扔掉孩子心爱的“破烂”，结果导致一场“家庭大战”。

实际上，家长的这种粗暴行为是绝对错误的，违背了孩子的心理发展规律，伤害了孩子的感情，同时也丧失了教育良机。喜欢收集是孩子的一种心理特点，他们收集那些自己喜爱的新奇事物，摆弄、观察、欣赏，这是孩子生长发展过程中一个不可逾越的阶段。可以说，孩子收集的过程就是他们学习的过程、成长的过程，也是发展智力的过程。

特别是当孩子上初中或者是高中后，这种收集的兴趣会成为一种能力，也就是一种很重要的搜集与处理信息的能力，它对于孩子的成长尤其重要。建议我们的家长让孩子从小学会查字典、看书、上网等方法，让孩子根据自己的需要搜集各种资料,从而获取新的知识,分析和解决所遇到的实际问题,为孩子成长奠定坚实的基础。

温馨小贴士

怎样才能让孩子搜集自己所需要的资料呢？建议做到以下几点：

1. 培养意识。让孩子从小就阅读各种课外书报,培养孩子利用字典、图书、网络等渠道获取信息资料的意识。

2. 学会方法。让孩子在每次查找资料时,都带着问题有目的地去搜集。让孩子不要贪多、贪杂,学会搜集有价值的资料。

3. 自主整理。搜集到资料后,要让孩子学会分析和整理,通过资料的阅读和研究,提出自己的见解或解决问题的方案。

习惯21 学习要讲究效率

孩子学习成绩的好坏，不在于学习时间的长短，而在于学习效率的高低。在同一时间内，讲究效率的孩子不但能较好地完成应学的功课，还能腾出时间获得其他知识，发展多方面的兴趣爱好。如果不讲究效率，不但完不成学习任务，而且没有更多的时间参加其他有益于身心健康的活动。

一天，大发明家爱迪生的朋友给他推荐了一位助手，爱迪生看那个年轻人知识丰富，便同意了。

可是不久，爱迪生却把这位助手辞退了。他的朋友感到莫名其妙，跑来询问原因。

爱迪生叹息地说："实在没办法。他操作速度太慢，调准显微镜的焦距，一次就需要半个小时。半个小时啊，这是多么宝贵的时间！"

他的朋友这才明白，那位助手不是因为工作不努力，而是因为做事效率太低才被淘汰的。

对于孩子的学习来说，讲究效率是很重要的。

有很多孩子看上去很用功，可成绩总是不理想，主要原因就在于学习效率太低。看起来似乎把大量时间都花在学习上了，可实际上却有很大部分时间被浪费掉了。而学习效率高的人，每项工作都安排得有条不紊，充分地利用好每一分钟。

效率是做好工作的灵魂。学习效率是指学习所消耗的时间、精力与所获得的学习数量和质量之比。它的实质是如何以最少的时间和精力，获取最好的知识、较强的能力或形成良好的品质及非智力因素。

在现代社会中，知识更新的速度与日俱增，时代对我们提出了越来越多样化的学习要求。单凭“铁杵磨成绣花针”“功到自然成”的方式学习，是无法完全适应的。今日的学习成败，不仅取决于勤奋、刻苦、耐力与花费的时间和精力，还取决于每位孩子的学习效率。

提高孩子的学习效率是每个老师的心愿，更是孩子及家长的追求目标。只有掌握了科学的学习方法，才会有高效率，才会在单位时间内多出成果。

很多事例表明，孩子学习必须讲究效率，只有效率高了，学习才会轻松，心情才会愉悦，从而进入良性循环。

当然，让孩子提高学习效率并非一朝一夕之事，需要长期的探索和尝试。学习效率不高是现在许多孩子普遍存在的问题之一，也是很多家长和孩子最苦恼的问题之一。对于家长来讲，他们纠结于孩子的拖拖拉拉，孩子痛苦于知道自己的问题所在。

在现实中，很多孩子确实很刻苦，但是刻苦学习并不等于高效的学习，很多孩子身心疲惫，成绩还是没有提高，甚至下降。学习效率不高虽有多因素造成，但不良的学习习惯一般是影响学习效率的主要原因。

- **学习动力。**学习动力与学习效率成正比。对中小学生来说，学习动力很大部分来自学习兴趣，对学的东西感兴趣，学习就积极主动；不喜欢则千方百计地逃避，即使被家长“看押”着学习，也是敷衍了事，成绩当然不会好。对此类孩子，要在激发其学习兴趣，提高责任心上下工夫。

- **学习习惯。**良好的习惯受益终身。一个孩子如果上课不听讲，一边学习一边玩，总是写字潦草，做题马虎……这个孩子的学习成绩一定不会好。培养孩子良好的学习习惯应从一年级开始，如果已经过了这个阶段，就应该加强弥补工作，力求帮助孩子改掉不良的学习习惯。

- **学习方法。**如果学习方法得当，就能融会贯通，举一反三；如果死记硬背，抓不住重点和难点，不能形成知识结构，最后肯定学不好，一点效率都没有。对这类孩子，父母应加强学习方法的指导。

● **学习环境**。有些孩子的学习问题是学习环境造成的。父母无法提供一个有利于学习的空间与时间，都会造成孩子学习的低效率。

此外，多动症、身体不适等也可能造成孩子学习效率低。家长应及时找出其根本原因，进行有针对性的指导。

温馨小贴士

怎样才能让孩子提高学习效率呢？建议做到以下几点：

1. **让孩子合理地安排时间**。英国哲学家培根说过："合理安排时间，就等于节约时间。"在拥有同样时间的情况下，只有合理地安排时间，充分地利用时间，才可以多做事情，提高效率。相反有的孩子学习时间过长，得不到有效的休息，对学习效果并没有多大好处。

2. **让孩子学习时全神贯注**。玩的时候痛快玩，学的时候认真学。一天到晚伏案苦读，不是良策。但学习时，一定要全身心地投入，手脑并用，达到一种虽处闹市，而无车马喧嚣的境界。

3. **引导孩子自动自发地学习**。孩子只有自动自发地学习，才能感受到其中的乐趣，才能对学习越发有兴趣。有了学习主动性，效率就会在不知不觉中得到提高。

4. **让孩子保持愉快的心情**。每天有个好心情，做事干净利落，学习积极投入，效率自然高。另一方面，把个人和集体结合起来，和同学保持互助关系，团结进取，也能提高学习效率。

习惯22　学会制订合理的学习计划

一份精心设计、合理的学习计划，是一个人自主学习、学会学习的开始，是取得学业成功的重要因素之一。我们的学习如果没有计划，就会陷入一种茫然无序的状态中，既浪费了时间，又无法达到预期的效果。

杨阳在学习上非常努力，可成绩却一直没有提高。

杨阳最大的问题就是没有计划，东一榔头西一棒槌，像个没头的苍蝇一样。学习的效果自然就跟猴子掰玉米一样，掰了这个，丢了那个。

有一次，老师让同学回家去制订一个适合自己的学习计划，同学们都做得很好，只有杨阳一个人没有制订计划。

杨阳一忙起来，就晕头转向。到临考前，他更是搞临时突击，恨不得一个晚上把整本书都装进自己的脑子里。杨阳力没少出，结果却不尽如人意。当考试时，他的成绩一团糟。

杨阳平时学习没有计划，不注意对知识的积累和巩固，考试时临时抱佛脚，考完了就忘得一干二净。时间一长，学得多，忘得也多，临时突击就越来越没有效果。

我国著名建筑大师茅以升说：**“学习要有方法，要有计划，才能事半功倍。”**事实就是这样，要想学习好，就要制订一份合理的学习计划。

一份精心设计的、合理的学习计划，是一个人自主学习、学会学习的开始，是取得学业成功的重要因素之一。如果一个孩子科学合理地为自己制订学习计划，那么他就一定能做到开开心心地玩、认认真真地学，也一定会取得好成绩。

高尔基说："不知明天该做什么的人是不幸的。"我们的学习如果没有计划，就会陷入一种茫然无序的状态中，既浪费了时间，又无法达到预期的效果。

很多家长认为，制订学习计划是孩子和老师的事。其实，这种想法是错误的。家长不但要帮助孩子制订好学习计划，而且还应经常督促孩子执行学习计划，定期检查孩子完成学习计划的情况，并根据实际情况帮助孩子调整学习计划。因为，制订了计划如果不能执行的话，便失去了它的意义。

我们有理由相信，一个不折不扣地执行着一份切实可行的学习计划的孩子，他的学习一定是卓有成效的，他的成绩一定是优良的，他的家长一定是轻松、快乐的！

温馨小贴士

做什么事都要有计划，学习当然也是如此。对于孩子来说，学会制订学习计划是很重要的。那么，如何帮助孩子制订合理的学习计划呢？

1. 制订可行的计划。好的计划是成功的一半。学习计划要求不宜过高，因为要求过高不仅难以执行，而且容易引发孩子的畏难情绪。

2. 计划要适合孩子的特点。家长不要从个人的喜恶出发，更不要照抄别人的计划，必须考虑孩子的体力、智力、性格、志趣等是否与学习目标和采用的方法相适应。

3. 计划内容要统筹兼顾。制订学习计划不能只考虑学习时间而不顾其他。在一天的作息时间表里既要有吃饭、睡眠、上课、课外活动的时间，也要有休息、娱乐的闲暇时间，还要留出与同学、朋友、家人聊天和听广播、看电视的时间。

4. 要有一定的灵活性。计划不应绝对不变，可根据实际情况和执行计划中的体会做适当变动。当然在一开始制订计划时就要考虑留有余地，计划一旦订好之后，就尽可能不要变动。

习惯23 寻找适合自己的学习方法

每个人的条件和素质有所不同，适合自己的学习方法也不同。在学习过程中，应让孩子根据自身的特点，寻找到适合自己个性的学习方法，这是迈向高效率学习、成功进取的第一步。

明朝时期，有一个著名的书斋——七录书斋。书斋的主人就是当时著名的文学家张溥。张溥出生于一个书香世家，小的时候他的记忆力连一般的小孩子都不如，常常是过目即忘。

有一天上课，先生叫张溥起来背诵文章。开始几段，张溥背得挺好，先生也挺满意，可没背一会儿，张溥就背不下去了。最后先生很气愤地说："你怎么这样不用功？罚你回去把这篇文章抄十遍！明天交给我！"

张溥听了之后，点点头走了。等他回到家时，天已经黑了。张溥心里很难受。他草草地吃了晚饭，就回到自己的书房里，铺好纸张笔墨，伏在案前抄了起来。

第二天先生又让他接着背昨天的文章。张溥想：完了，昨天晚上光顾抄写，哪儿还有空背书呢！可是奇迹发生了，他竟然一字不错地背了下来。先生听了之后，连连称赞道："好，好，就应该这样！嗯，你可以回到座位上去了！"

上完课，张溥在回家的路上，一边走，一边冥思苦想："奇怪，我昨天并没有背书呀，可今天为什么就能脱口而出呢？难道是因为我抄了十遍书的缘故？"

回到家中，张溥还是百思不得其解。他想起先生今天新布置的文章，决定用昨天的办法来试一试。于是和昨天一样，他先把文章诵读一遍，然后再开始抄。当他抄到第七遍的时候，他不仅已经领略了文章的意思，而且还能够熟练地背诵了。他放下笔，高兴地说道："原来真是'好记性不如烂笔头'呀！"

张溥终于找到了适合自己的提高记忆的办法。从这以后，他对自己严格

要求，抄书背书坚持不懈，并且为勉励自己，给书房取名为“七录书斋”。

学习成绩的好坏，与能否掌握科学的学习方法密切相关。因此，学生应该特别重视学习方法，并创造性地运用适合自己特点的学习方法。

爱因斯坦曾经被人问起成功的秘诀，他说：“成功等于艰苦的劳动加正确的方法，再加上少说空话。”并诙谐地写下公式：W = X + Y + Z。我们也可以套用这条公式来解读学习成功的秘密，即将 W 视为成功，X 视为勤奋，Z 视为不浪费时间，Y 视为方法，所以“学习成功 = 勤奋 + 不浪费时间 + 方法”。方法对勤奋和惜时的效果有增加或抵消的作用，只有采用科学的学习方法，才能保证学习的成功。

英国有位社会学家曾经调查过几十位诺贝尔奖得主，发现他们大多认为**学习时最重要的就是掌握恰当的方法。**而法国著名生理学家贝尔纳也深有所感地说：**“良好的方法能使我们发挥天赋与才能，而拙劣的方法则可能阻碍才能的发挥。”**由此可见，良好的学习方法可以使孩子在知识的密林中成为手持猎枪的猎人，能获得有效的进攻能力和选择猎物的机会。

“找到适合自己的学习方法”最终的落脚点在“适合自己”。如果说学习过程是一条漫长的路，那么学习方法就是穿在脚上的鞋，合脚的鞋才能让自己走得更远。我们知道学习方法有很多，可能每个人都有自己独到的方法，但是真正适合自己的才算是最好的学习方法。只有寻找到适合自己的学习方法，才能取得最大的成功。

但是，什么是最好的学习方法？好的学习方法一定要适合学生的特质与学习环境。一般来说，好的学习方法应该符合以下三个条件：**符合认识规律的科学方法；符合自己个性特点的方法；符合不同学习内容和不同教师授课特点的方法。**在选取适合自己的学习方法时，可以从下列几个方向来摸索：不同学科的学习方法、预习方法、听课方法、复习方法、做作业和自我测试方法、改错的方法和知识归纳的方法等。

温馨小贴士

“工欲善其事，必先利其器。”适合自己的学习方法可以更加有效地提高学习效率，如何帮助孩子找到适合自己的学习方法呢？建议做到以下几点：

1. 帮助孩子认识自己。父母应该细心观察，看自己的孩子适合什么样的学习方式，并把自己的看法随时与孩子沟通。这样能帮孩子更好地认识自己，从而选择最适合孩子的学习方法。

2. 鼓励孩子尝试与创新。当孩子在学习过程中尝试新的方法时，父母先不要急于制止，虽然孩子的方法有时让成人难于理解，但是站在孩子的角度来看，可能是十分适合他的。

3. 让孩子注重实践。摸索一套适宜的学习方法并非一朝一夕的事，需要孩子自己在较长时间的学习实践中慢慢形成、发展和完善起来。

习惯24　学会与他人合作与交流

善于与人合作，已成为21世纪人们生存和发展的重要品质。一个人要想在事业上取得一定的成就，除了要具备较强的工作能力外，还应懂得与他人合作。一个不善于合作的人，是走不了多远的，因为现代社会是需要合作的社会，没有互相关心、互相支持就很难取得事业上的成功。

一个老人有7个儿子，但他们经常为了一些小事争吵。一些坏人常挑拨七兄弟的关系，希望等他们父亲死后可以骗取他们的财产。后来，老人知道了这个阴谋。

临终前的一天，他把7个儿子都叫到跟前，指着捆在一起的7根木棍说："谁能把这捆木棍折断，谁就能得到我的遗产。"

每个儿子都想得到父亲的遗产，都使出了全身的力气去折那捆木棍，脸憋得通红，但没有一个人能把这些木棍折断。

"孩子们，其实要折断这些木棍很简单。虽然我现在老了，但是即使像我这样的人都能折断它们。"父亲说。然后他将木棍捆儿打开，很轻松地将它们一根一根地折断了。儿子们这才恍然大悟。

"我的孩子们，你们就像这些木棍，只要你们团结在一起，互相帮助，你们就会很强大，任何人都不能伤害你们。但是如果你们分开，任何人都能把你们一个一个地折断。我活着还能把你们捆在一起，我就像捆这些棍子的绳子，但是我就要离开你们了，没有了捆绑你们的绳子，你们还能团结在一起，互相帮助吗？"老人语重心长地说。

儿子们终于明白了父亲的良苦用心，七双手紧紧地握在了一起。

看到儿子们这样团结，老人终于放心地离开这个世界了。

俗话说："兄弟同心，其利断金。"只有齐心协力才有可能把事情办得又快又好。

随着社会的发展，越来越需要人们具备善于与人合作的品质。美国学者朱克曼曾做过一项研究。他发现**自1901年诺贝尔奖颁发以来的75年中，286位获奖者中2/3的科学家是与人合作而获奖的。**这有力地说明，科技越发展，一个人要取得事业上的成功就越需要具备与人合作共处的良好品质。一个人要想在事业上取得一定的成就，除了要具备较强的工作能力外，还应懂得与他人合作。

然而，现在的孩子大多是独生子女，加上父母过多包办和对孩子百依百顺，他们习惯于事事依赖，只知道自己而很少想到别人，逐渐养成了"以我为中心"的不良习惯，几乎不知道什么是与他人合作，使许多孩子形成了不良的习惯和性格，如蛮横、自私、狭隘，不懂合作和谦让。

只有懂得合作的人，才能获得生存空间；只有善于合作的人，才能赢得发展机会。**一个懂得合作的孩子，成年后会很快适应社会并发挥积极作用，而不懂合作的孩子在生活中将会遇到很多麻烦和挫折。**因此，从小培养孩子合作意识和合作能力，是非常重要的。

温馨小贴士

如何培养孩子善于合作与交流的好习惯呢？建议做到以下几点：

1. 树立合作意识。父母必须在潜移默化中帮助孩子树立正确的合作意识，使他们懂得，大家都是群体中的一员，是平等的，遇到矛盾或困难，只要我们齐心协力就一定能解决它、战胜它。只有关心别人，才有可能与别人合作。

2. 学会悦纳别人。只有相互认识到了对方的长处，欣赏对方的长处，合作才有了真正的动力和基础。父母可以通过故事并结合自己的言行教育孩子多看并善于发现别人的长处，并诚心诚意地加以赞美。

3. 参加集体活动。让孩子到集体中去，在集体交往中才能增强团体合作意识，掌握处世艺术，形成乐观、大方、宽容、团结等优秀品质。让孩子从集体中来，带着合作意识，去主动帮助别人，也得到别人的热心帮助。

4. 感受合作快乐。孩子在小伙伴交往中逐渐学会合作后，在交往中感受到合作的愉快，会继续产生合作的愿望，产生积极与人合作的态度。所以，父母应注意引导孩子感受合作的成果，体验合作的愉快，激发孩子进一步合作的内在动机，使合作行为更加稳定、自觉化。

5. 学会合作技巧。让孩子了解一些合作的规则与技巧。通过一次次的交往与合作，孩子逐渐就学会了合作的方法、策略，懂得合作的重要性。

6. 树立合作榜样。父母在日常生活中的言行举止潜移默化地影响着孩子，他们往往会依照父母的做法和小伙伴交往合作。因此父母要为孩子树立一个良好的榜样。

习惯25 虚心学习别人的长处和优点

俗话说："尺有所短，寸有所长。"如果看不到别人的优点、长处，甚至用自己的优点去比别人的缺点，这样的人就是愚蠢的人。只有不断学习别人的优点，才可以使自己的品德更加高尚，学习更加优秀，工作更加出色。

欧阳修是北宋时期著名的文学家，他的散文写得很好，是"唐宋八大家"之一。

欧阳修是一个非常谦虚好学的人。当时有个叫钱维演的将军，在洛阳建了一座新房子。新房建成后，将军请了当时文坛上最有名望的欧阳修、谢希深和尹师鲁3位名流，请他们3人各写一篇文章，纪念新房落成。

3个人的文章很快就写好了。谢希深用了700个字，欧阳修用了500个字。可是，尹师鲁呢，只用了380个字，就写得既生动又明白，受到大家一致称赞。欧阳修看了，心中十分佩服。

这天晚上，欧阳修就去拜访尹师鲁，虚心向他请教，怎样把文章写得既简练又生动。两个人越谈越高兴，一直谈到天亮。

回来以后，欧阳修顾不得休息，立刻伏在桌子上，改写自己那篇文章，然后恭恭敬敬地请尹师鲁指教。

这篇文章比尹师鲁的那篇还短，只有360个字，但意思更加完整，语言更加精练。尹师鲁看了，十分佩服欧阳修虚心好学的精神，赞不绝口，连声说："大有进步，大有进步，真是一日千里啊！"

有人曾说，世上最聪明的人是那些善于发现别人长处，并能学习别人长处，最终使其变为自己长处的人。

“尺有所短，寸有所长。”无论是谁，都有优点、长处，也都有缺点、短处，都需要虚心向别人学习，做到取人之长，补己之短，才会有进步。如果看不到别人的优点、长处，只会挑别人的毛病，甚至用自己的优点去比别人的缺点，这样发展下去毛病会越来越多，这样的人就是愚蠢的人。只有不断学习别人的优点，才可以使我们的品德更加高尚，学习更加优秀，工作更加出色。

请记住：**谁善于把别人的长处集于一身，谁就会是胜利者。**

温馨小贴士

如何让孩子虚心学习别人的长处和优点呢？建议做到以下几点：

1. 要建立良好的环境。父母应在家庭中为孩子创造一种团结友爱、相互尊重、谦虚礼让的气氛，这是预防和纠正孩子嫉妒心理的重要基础。

2. 要正确评价孩子。父母不能因疼爱和喜欢就对孩子的品德、能力过分赞赏，以免孩子对自己产生不正确的认识。

3. 要适当指出孩子的长处和短处。父母应使孩子明白人人都有长处和短处，小朋友之间应相互学习，帮助孩子正确评价自己。

4. 要引导孩子树立正确的竞争意识。父母应引导和教育孩子用自己的努力和能力同别人相比，让孩子知道竞争是为了找差距，更快地进步和取长补短，不能用不正当和不光彩的手段去获取竞争的胜利，把孩子的好胜心引导到积极的方向。

习惯26 相信自己是最棒的

自信，是使人走向成功的第一要义。一个人如果没有自信，首先就是被自己打倒了，更别说取得胜利了。所以，一个人只有自信，才能让别人相信；只有自信，才能有积极的行动。

小泽征尔是世界著名的交响乐指挥家。

在一次世界优秀指挥家大赛的决赛中，他按照评委会给的乐谱指挥演奏，但他却敏锐地发现了不和谐的声音。起初，他以为是乐队演奏出了错误，就停下来重新演奏，但还是不对。他觉得是乐谱有问题。

这时，在场的作曲家和评委会的权威人士坚持说乐谱绝对没有问题，是他错了。

面对一大批音乐大师和权威人士，他思考再三，最后斩钉截铁地大声说："不！一定是乐谱错了！"话音刚落，评委席上的评委们立即站起来，报以热烈的掌声，祝贺他大赛夺魁。

原来，这是评委们精心设计的"圈套"，以此来检验指挥家在发现乐谱错误并遭到权威人士"否定"的情况下，能否坚持自己的正确主张。前两位参加决赛的指挥家虽然也发现了错误，但终因随声附和权威们的意见而被淘汰。小泽征尔却因充满自信地指出乐谱的错误而摘取了世界指挥家大赛的桂冠。

"自信是向成功迈出的第一步。"爱因斯坦曾如是说。如果说你真正建立了自信，那么你就已经迈进了成功的大门，自信会使你创造奇迹。

古往今来，很多人在其生活和事业的旅途中，都是以自信赢得成功。自信心就像催化剂能将人的一切潜能调动起来，使人们百折不挠，不断努力，最终获得成功。只有相信自己，才能激发进取的勇气，才能感受生活的快乐，才能最大限度地挖掘自身的潜力。

一个缺乏自信的孩子，往往在任何事情上都表现得柔弱、恐惧，不敢面对或尝试新的事物，不敢主动与人交往，从而失去许多学习的机会。长期缺乏自信心会让孩子产生“无能”的感觉，甚至可能自暴自弃、任性、依赖、孤独、胆小、不合群、独占欲强等。他们会常告诉自己：“我不行”“我很笨”“我不敢”，等等。

“自信心”到底是什么？“自信”就是“相信自己”。一个充满自信的孩子，必定思想乐观，做事积极主动，并能勇于尝试，乐于接受挑战，这也是不断获得成功的根本原因。

一个人如果没有自信，首先就被自己的自卑打倒了，更别说取得胜利了。所以，一个人只有自信，才能让别人相信你；只有自信，才能有积极的行动。

自信心，在孩子的身心发育中有着举足轻重的作用，父母作为孩子的启蒙老师，就应该担负起这个责任，把孩子的自信心培养起来。要告诉孩子，无论何时，他都不要放弃努力，失去希望！要相信自己，相信自己一定能行！相信自己是最棒的！相信自己身上有很多别人没有的长处和优点！相信自己能通过努力找到属于自己的位置，打造出一片属于自己的天空！

一定要让孩子在内心记住：“我是最棒的，胜利一定属于我！”

温馨小贴士

如何帮助孩子建立起自信心呢？建议做到以下几点：

1. 尊重孩子。孩子的自信来自自尊，一个没有自尊的孩子不可能有自信。尊重孩子不分时间与地点。父母应该在日常生活中，让孩子参与家庭事务，与孩子讨论一些家事，让孩子感觉自己的能力、平等的地位以及父母对自己的信任。千万不要随意殴打孩子，辱骂孩子。

2. 告诉孩子“我能行”。有的孩子在生活中常自惭形秽地说些“我很没信心”“我是没用的”的话，这种消极的心理会让他没勇气尝试新的事物。父母应该让孩子去面对、处理自己的现实困难。父母从旁引导、表扬、肯定和鼓励，让孩子淡化“我无能”的心理，建立“我也行”的信念。父母千万不要指责或讽刺，如：“早就知道你是不行的，看！把事情越弄越糟！”

3. 随时巩固孩子的信心。孩子只有在不断鼓励中，经过不断的努力，才可以建立起自信心。父母应该在孩子受到挫折时，耐心地聆听了解事情的原委，给予引导与鼓励。当孩子可以重新摆脱困境时，父母更需恰当地鼓励。但是，父母不要过分赞扬孩子，以免孩子产生骄傲的心理。

4. 允许孩子犯错。在现实生活中没有不犯错的孩子。父母有必要与孩子分享自己过去曾面对的过错与失败，让孩子了解到父母也有不完美的地方。最重要的是，父母要接受孩子的失败、挫折与过错，并让他有机会为自己所犯的错误做出解释，之后，父母再从旁边协助孩子找出失败的原因，鼓励他再次尝试。这样，孩子的自信心也能在不断尝试中得到保护。

5. 经常鼓励孩子。每一个孩子都需要鼓励，就像植物需要阳光、雨露一样。在鼓励环境下成长的孩子，他们会懂得接受挫折和失败，他们会相信自己的能力并继续努力。鼓励的语言充满期望与企盼，如“继续下去，你会成功的”“我相信你的妈妈看到了一定会为你高兴的”等鼓励性的语言可以使孩子感受到自身的价值。

第二章

生活好习惯，健康快乐每一天

生活习惯的好坏，不仅影响到孩子的身心健康，也是一个孩子综合素质的体现。习惯会在不知不觉中，潜移默化地影响着孩子的个人形象和生活质量。因此，一定要让孩子自己时刻注意生活中的每一个细节，只有丢掉不良习惯，养成好习惯，才会使自己成为一个“健康达人”。

习惯27 生活有规律

如果孩子的生活有规律，不仅父母省心省力，对孩子的健康成长也很有帮助。我们应该让孩子从小就要养成生活有规律的好习惯，知道什么时间应该做什么事，并一定要做好；什么时间不该做什么事情，能控制住自己的愿望和行为。

宝宝和贝贝是一对双胞胎兄弟。他俩的高矮、胖瘦、脸蛋儿完全一样。妈妈买的衣服、鞋袜都一式两份，所以兄弟俩的穿着也总是一样。在外人看来，他俩就像一个人似的，简直分不开。

但是，熟悉宝宝、贝贝的人们却一眼就能分开。一天，李奶奶指着刚放学的俩孩子说："瞧，那个衣服系错扣子，书包带子一条在肩上、一条在地上的肯定是宝宝，那个浑身整整齐齐的是贝贝。"一问他兄弟俩，果然猜对了。

咱们再跟着他俩回家看看吧！一进家门，其中的一个把书包往沙发上一扔，鞋子褪下来用脚一踢，踢到了茶几下面，光着脚就去看电视；而另一个呢，放下书包，换下鞋子整齐地摆到鞋架上，把手洗干净，就开始写作业。写完作业后把书包收拾得整整齐齐，准备好第二天用的文具，才安心地休息。

聪明的读者朋友，你能分清哪个是宝宝，哪个是贝贝了吗？

法国小说家巴尔扎克说过："有规律的生活是健康与长寿的秘诀。"如果一个人生活有规律，养成了良好的习惯，人体器官就会张弛有度，促进体质发育，这也是身体健康的重要条件。

每天应按时起床、按时睡觉、按时就餐等，这些都是生活有规律的好习惯。反之，如果身体好时就忘乎所以，晚上玩过半夜不睡觉，次日睡个大半天；学习不善安排，一埋头学习就不吃不喝，也不走动走动；肚子饿、身体疲劳熬着过。

这些都是生活没有规律的表现。

作为父母，我们应该让孩子从小就要养成生活有规律的好习惯，知道什么时间应该做什么事，什么时间不该做什么事情，并控制自己的愿望和行为。例如：该写作业时一定要认真写，写完后收拾利索才能去看电视和玩耍。

如果孩子能够长期坚持固定有序的生活习惯，必将有助于他的生活与学习，对孩子的意志品质也是一种锻炼，其长远意义也是不言而喻的。

温馨小贴士

如何培养孩子有规律的生活习惯呢？建议做到以下几点：

1. 家长要以身作则。家长在家做事情要表现出一种强烈的责任感，以认真负责的态度影响孩子，为孩子树立榜样。

2. 让孩子明确自己在什么时间做什么事情。家长要根据孩子的年龄特点，将孩子一天当中要做的事情写在一张纸上，然后把这些事情固定下来，让孩子做到心中有数。

3. 让孩子自己的事情自己做。家长可以利用双休日的时间，和孩子一起制订一天的活动安排，提醒、督促孩子按时完成。开始时，孩子可能丢三落四，只要家长不断地要求孩子，并加以引导和鼓励，就一定能收到好的效果。

习惯28 要早睡早起

孩子不能按时作息生活，往往影响孩子的睡眠，而睡眠是人体恢复精力和体力的必要条件，是人的生命活动的一个有机组成部分。为了孩子的健康成长，一定要早睡早起，让孩子有充分的睡眠，以保证身体健康。

一个人一生中有许多习惯，读书看报、勤学好问、常做家务……一个好习惯对人一生的成长受益匪浅。

经过了一个寒假的锻炼和培养，我终于有了一个好习惯，它的名字叫“早睡早起”。

小时候我在乡下长大，每天都跟爷爷、奶奶在一起。爷爷、奶奶白天在地里干活，晚上很晚回来，回家后还要做家务，所以睡觉很晚，我跟他们一起也很晚睡觉，可早上起不来，慢慢地就养成了一个“晚睡晚起”的坏习惯。后来，我到城里上学，晚上总是到很晚才能入睡，早上总是要爸爸、妈妈喊我起床，于是就变了“晚睡早起”。几乎每天总睡眠不足，上课时更不能集中注意力认真听老师讲课。就这样一天一天地度过，我的考试成绩越来越不理想，爸爸、妈妈经常责备我，而且我的身体也越来越差。

寒假里，我接受了爸爸妈妈的建议，每天较早睡觉，早上再也不要爸爸妈妈喊了，也较早就醒了。醒来后，先读一会儿书，再锻炼锻炼身体，然后吃早饭。慢慢地，我就养成了“早睡早起”的好习惯。我现在的身体越来越棒了，白天精神也越来越抖擞了。

啊！一个好习惯对我来说是多么重要，而坏习惯将会影响我的学习和生活。我争取培养更多的好习惯，改掉那些坏毛病，让自己能够健康、快乐地成长！

许多家长朋友可能都有这样的经历：天冷的时候，早上喊孩子起床要喊好几遍，孩子总是不肯爽爽快快地从被窝里爬起来，有时磨磨蹭蹭“耍赖皮”，有

时索性装作没听见，非要家长反反复复地催几遍。有些孩子晚上不按时睡觉，早上爱睡懒觉，不能按时起床，成为很多家长面临的一大难题。

孩子不能按时作息生活，往往影响孩子的睡眠，而睡眠是人体恢复精力和体力的必要条件，是人的生命活动的一个有机组成部分。

青少年时期，生长激素分泌最旺盛的时间是晚上 11 时至半夜，超过这个时间睡觉，对孩子健康必然会产生负面影响。所以说，早睡早起对于孩子的生长发育及智力发展非常有益。一般来讲，少年儿童每天保证足够的睡眠，才能满足身体发育的需要。

美国科学家富兰克林说过："早睡早起使人健康、富有和聪明。"为了孩子的健康成长，家长们一定要让孩子早睡早起，有充分的睡眠时间。如果孩子已经有熬夜和睡懒觉的习惯，那么从现在开始，马上改掉这个不良习惯吧！

温馨小贴士

早睡早起习惯的养成，不是一朝一夕的事，建议家长平时做到以下几点：

1. 创造良好的睡眠环境。到了睡觉时间，应保持室内光线舒适，不要大声吵闹。在孩子准备睡觉时不要看电视，否则他无法安心睡觉。在孩子睡觉前不要和他嬉戏打闹，以免他过度兴奋难以入睡，应该给孩子创造平安、宁静、温馨和舒适的就寝环境。

2. 安排好作息时间。给孩子制订一个生活作息时间，每天什么时间干什么，给孩子讲清楚，没有特殊情况不要变动。特别是每晚 9 点左右就让孩子做好睡前准备工作，准时上床睡觉。

3. 晚上不要吃得过饱。如果晚餐吃得过饱或摄入热量过高的食物，孩子会因肠胃不适而睡不着，或因精力异常充沛而不想睡觉。这样一来，第二天早晨就会起得晚些。

4. 要持之以恒。每天都坚持让孩子早睡早起，不能一到周末就玩至深夜，周日早上全家人都赖在床上不起来，这样很难使孩子养成良好的睡眠习惯。

5. 父母以身作则。如果家长生活不讲究规律，睡觉起床，随心所欲，孩子自然会学家长的样。所以，家长也应尽量做到早睡早起，以此影响和培养孩子养成早睡早起的好习惯。

习惯29　自己走路去上学

孩子自己走路去上学，不仅仅是锻炼身体，更重要的是一种独立自主能力的开始。作为家长，我们应该放手让孩子自己走路上学，以此为开端，培养孩子独立自主的好习惯，做到自己能做的事情自己做，对孩子素质的提升传递出一种正能量。

下面是一位小同学记录的自己走路上学时的经历和感受：

从上幼儿园到现在，为了安全，一直是爸爸或妈妈接送我上学和回家，从来没有让我自己独自行走过。

每天上学，都是妈妈骑着自行车送我，这是为了赶时间，不迟到；放学时，只要爸爸不出差，他总是下班后走路来接我，这是为了让妈妈下班后早点回家，好给我们做饭。

就这样日复一日，年复一年。转眼间，我也快满10岁了。一天放学的路上，我告诉爸爸："今后放学，你们再也不用接我了，让我自己走吧！你看人家别的孩子，放学都是自己走，有的还骑着自行车，而我总是跟在你们的身后，让你们拿着书包，多丢人呀！"爸爸说："不行！十字路口多，车辆多，行人多，我和你妈妈不放心。"我说："爸爸，我们班的王栋比我们住得还远，每天放学，他都是一个人走回家的。我可以和他一起走到我们家的路口。"

也许是爸爸看我一再坚持，也许是他和妈妈想有意锻炼我一下，他们终于同意让我先试一试。就这样，第二天下午放学时，爸爸没有来接我。放学时，我找到同学王栋，一起手拉着手，高高兴兴地走出了校门。

校门口路窄，车少，行人多，车辆的速度也比较慢，我们很快就通过了。我们沿着商场门前的人行道走出南门，没走多远便来到了第一个十字路口。

由于是下班时间，这里的车辆特别多，大公交一辆接一辆地向前开着，速

度很快；出租车在行人和自行车中间穿行，速度一点不减；车辆稍微一慢，行人和自行车就穿了过去。看到这场面，我拉住王栋的手，站在路边不敢通过。

王栋说："别害怕！我们手拉手，慢慢走，遇到车辆不要抢，不行就停下来。"就这样，我紧紧地拉着王栋的手，和他一起慢慢地走过了马路。当我们来到马路对面时，一转身，我看见了妈妈。只见她推着自行车，离我们只有几米远。啊！原来是妈妈不放心，一直跟在我们的后面。

"不错，不错！两个男子汉，终于可以自己回家了！"妈妈高兴地说着，脸上露出了满意的笑容。

从此以后，我的胆子越来越大了。每天下午放学，再也不用爸爸、妈妈来接我。我每次都和王栋一起回家，有时王栋有事不能和我一起走时，我也能自己回家了。

通过这件事，我懂得了不管做什么事情，都要勇敢，要敢于自己去尝试，不能事事都依赖着家长。同时我感到自己真正长大了，成了一个不再事事都依赖爸爸、妈妈的男子汉了。

目前在各个地方，每天上学、放学时间，特别是放学时，学校门前都挤满了大大小小的车辆及家长。这时，正常过往的车辆、堵在门口等候孩子的车辆、接到孩子后准备离开的车辆混杂在一起，喇叭声此起彼伏，还有从学校里冲出来乱闯的学生，场面显得十分混乱。

现在有很多孩子上学放学，都由家长接送。家长为了接送孩子，不得不调整自己的工作时间。接送孩子上学、放学，已成为家长的一种负担了，而对孩子们来说，家长接送又让自己失去了一次锻炼自我的机会。

在国内，离中小学校门不远的地方，我们总能看到"家长止步"的警示牌，以此防止那些爱子心切的家长堵在校门口。而在日本，学校门口见不到这样的警示牌，上学放学时也见不到一个学生家长，只有学生们三五成群地背着大书包在人行道上行走。从一年级起，日本的孩子们就迈出了独立自主的第一步——独自去上学。

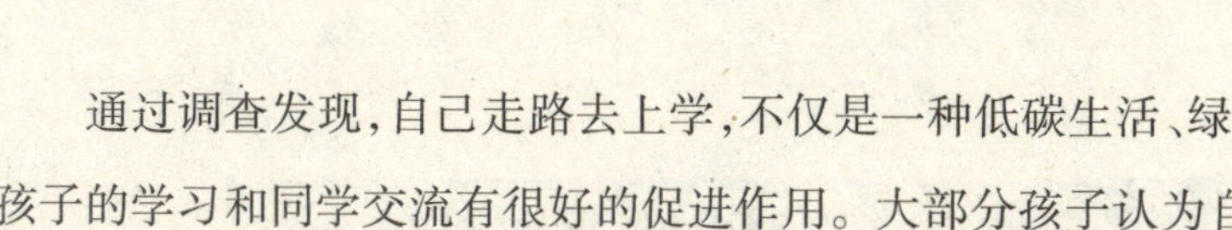

通过调查发现，自己走路去上学，不仅是一种低碳生活、绿色出行，而且对孩子的学习和同学交流有很好的促进作用。大部分孩子认为自己走路可以调节情绪，缓解学习压力，更能在课堂上集中注意力。步行上学时两三个同学相约一起，彼此边走边聊，谈谈学习、谈谈身边的趣事等等，会让心情比较畅快，加强了沟通交流，增进了友谊。

当然，如今的道路状况和交通状况日趋复杂。所以，**从现在起，请家长朋友们要在安全条件许可的情况下，在强化孩子交通安全意识和遵守交通规则的前提下，让孩子自己走路去上学。**这样不仅可以让孩子增加运动的机会，能够观察及体会周围的环境，还可以学会独立应付交通安全事件的发生，对孩子素质的提升传递出一种正能量。

温馨小贴士

为了让孩子养成自己走路去上学的好习惯，建议家长平时做到以下几点：

1. 让孩子设计好上学路线。看一看从哪里走路程最近，而且安全又方便。

2. 可以让孩子结伴而行。与自己居住邻近的孩子结伴上学可以互相提醒，又可应付上学路上一些意外的事。

3. 让孩子多学习交通规则。孩子自己走路去上学，家长要教育他自觉遵守交通规则，只有这样才能更好地保证行路的安全。

4. 多给孩子讲一些安全常识。家长应让孩子知道如何面对危险情况，陌生人搭讪时该怎么办，陌生人要带着孩子走该怎么办，等等。

习惯30　按时上学，及时回家

遵守学校作息时间，按时到校是学生必须遵守的纪律。只有按时上学，才能保证集中精力上好课。放学后，应及时回家。如果放学后孩子不及时回家，就很可能产生这样那样的问题，特别是孩子的自我控制力比较弱，很容易被社会上的一些人利用，以致发生不安全事故。

“懒虫起床了，懒虫起床了……”

小明一骨碌从床上爬了起来，一看床头边上的闹钟，大叫一声：“7点半了，上学要迟到了！”他跳下床，连忙穿好衣服，跑出小房间。

小明一下子踩到地板上，左脚凉凉的，才发现自己只穿了一只袜子，赶紧跑进房间找另一只袜子。

“唉，袜子在哪呢？急死人了！”不由双手直拍脑袋。这一拍，倒帮了他的忙，袜子不是在右手上吗？小明迅速地穿上袜子，又跑出房间。

小明跑进厨房，随手拿了一块面包，喝了几口牛奶，就奔出了家门。

刚冲下楼，“哎呀！书包还在家里呢！”他急得直跺脚。

他掉头跑上楼，拿出钥匙，打开门，拿起书包就往外冲，刚出家门又想起了忘戴红领巾、小黄帽，于是只好再次开门进屋……

“乒乒乓乓”的响声把妈妈吵醒了。

妈妈亲切地问：“好孩子，你干什么呀？”

“妈妈，我上学要迟到了。”

“今天是星期天，你干吗去上学？”

小明愣住了，好久才回过神来，讪讪地笑了笑，说：“我忘了！嘿嘿……”

孩子不按时上学,可能是很多家长共同关注的问题。

为什么要按时到学校呢？因为按时上学、不迟到是小学生必须遵守的纪律。只有按时上学,才能保证孩子集中注意力上好课。如果迟到了,会影响老师和同学们的注意力,也就妨碍了别人及自己的学习。

在孩子放学后,应让孩子及时回家,如果放学后孩子不及时回家,就很可能产生这样那样的问题,特别是小孩的自我控制力比较弱,很容易被社会上的一些人利用,以致发生不安全事故。

孩子按时上学、及时回家,需要家长经常性地教育。现在,如果孩子还没有做到这一点,那么就请您与孩子积极行动起来,在老师的帮助下,培养孩子按时到校、按时回家的好习惯吧!

温馨小贴士

为了让孩子养成按时上学、及时回家的好习惯,建议做到以下几点:

1. 按时睡觉和起床。给孩子制订一份作息时间表,每天让孩子按时睡觉,按时起床。

2. 不随便旷课。让孩子做到不随便旷课,有事有病要请假,懂得按时上学是遵守学校纪律的表现。

3. 及时做家庭作业。让孩子放学后及时回家完成当天的家庭作业。

4. 遵守交通规则。让孩子在上学、放学路上要遵守交通规则,不横穿公路,不在公路上玩耍。

5. 不随便到别人家玩耍。未经家长允许,不擅自走亲戚或到同学家玩,也不在外留宿。

习惯31　爱护自己的眼睛

眼睛是人体最宝贵的器官，是人体与外界联系的窗口，人们通过眼睛去观察、认识、了解外界的事物；眼睛也是人们长知识、学本领不可缺少的。视力不好，就会影响学习和工作，还不能从事某些专业，直接影响孩子的前途。

强强喜欢躺在沙发上看书，妈妈告诉他：“孩子呀，这样时间长了会近视的。”可是，他就是不听。

一天晚上，他又躺在沙发上看书，看着看着，突然感觉眼前一片模糊，书上的字看不清了。

强强害怕了，赶紧把情况告诉了妈妈。妈妈急坏了，第二天马上把他带到医院一检查，原来近视了，这可怎么办？妈妈只好让医生给强强配了一副眼镜。

戴上眼镜，果然看清楚了，强强高兴地向学校走去。忽然他发觉鞋带松了，想弯下腰来系，可刚弯下腰，眼镜就掉在水泥地上，镜片碎了，顿时强强眼前又是一片模糊。

因为看不清，他一下子撞到电线杆上，把鼻子磕出血来；他再往前走，又碰到杨树上，把一只耳朵划破了。

强强后悔极了，他万万没想到，眼睛近视了，竟然带来这么多麻烦。

谁让他当初不听妈妈的话呢？

眼睛是心灵的窗户，拥有一双明亮的眼睛是一件多么幸福的事情。眼睛是我们认识世界，学习知识，相互交流的重要窗口，如果我们失去了明亮的眼睛，我们的世界将是黑暗的世界。视力的减弱，会给我们的学习和生活带来许多的不便。

然而，仔细观察我们的周围，身边的“近视眼”越来越多了，并且年龄越来越小，甚至有的幼儿园小朋友也在不知不觉中成为近视眼。虽然各级教育部门都在着力减轻学生的课业负担，但是仍然还有很多孩子在小学高年级就已经形成了近视。这是为什么呢？专家分析，有数十种因素与近视眼形成有关，其中最主要的因素有：

● **睡觉时间少的孩子易患近视眼。**在儿童生长发育快速期，特别是7～9岁和12～14岁时，如睡眠时间少，会引起部分孩子发生近视。

● **每天看电视电脑大于2小时，眼与电视机距离小于3米，长时间看书距离少于30厘米时，多数儿童会发生视疲劳，其中一部分儿童会发生近视眼。**

● **孩子的眼睛严重缺乏视力营养。**在孩子的视力发育期，孩子的眼睛严重的缺乏视力营养导致孩子的眼睛不具备抵抗视力疲劳的能力，而长期的反复的视力疲劳就会发展成近视眼。

● **孩子有不良的用眼习惯。**如暗处看书，躺着看书，在动荡的车厢中看书，常玩手机、游戏机和电脑等，都会使原本不近视的孩子发生近视，原本有遗传近视的，会加速近视的发展。

温馨小贴士

保护视力刻不容缓，怎样才能让孩子做到用眼卫生呢？建议做到以下几条：

1. 必须要有足够的光线。无论看书还是玩电脑，一定要光线充足。玩电脑的时候不要只开着电脑，一定要在卧室里面开一盏灯。房间的灯光以明亮温暖为好，无频闪照明是最好的，良好的光线才能预防孩子近视的发生。

2. 少玩手机电脑。如果长时间看电视玩电脑，会引起视疲劳，影响孩子的视力。孩子看电视、玩电脑的时间应控制在20分钟以内为好。

3. 保持良好的坐姿。看书时坐姿要端正，不可弯腰驼背，靠得很近或趴着做功课，这样易造成睫状肌紧张过度而引起疲劳，进而造成近视。

4. 不要在走路、坐车和躺着时看书。很多人可能都体会过，坐公交车或者其他车的时候，喜欢坐车阅读杂志或者玩手机，这种习惯也是极不好的。车辆在行驶的过程中会晃动，对眼睛损伤很大，所以在孩子预防近视的问题上，坚决摒弃这个坏习惯。

5. 用眼要注意休息。读书读累了，要注意眺望远处，放松一下眼睛，往远处看看绿色的植物，还应该做做眼保健操，帮助眼睛放松。

6. 讲究用眼卫生。眼睛与外界接触，容易受各种病菌的感染，要注意平时养成不用手揉眼的好习惯，因为手上有大量的病菌，揉眼等于直接把病菌"种"到眼睛上。不揉眼这个好习惯可以把红眼等传染性眼病拒之"眼"外。还要注意不与别人共用毛巾等卫生用品，防止互相传染。

7. 多吃对眼睛有益的食物。平时多吃一些富含维生素的食物，如鸡蛋、鸡肝等；多吃些蔬菜和水果，如胡萝卜、豆芽等，都对保护视力有一定的作用。

习惯32 少吃零食

吃零食是孩子的一种偏好。零食虽然也可以提供一定的能量和营养元素，但零食并不能替代正餐所供给孩子们所需要的均衡、全面的营养。虽然零食可以吃，但一定要少吃，更不能以零食来代替正餐。

慧慧是一个很爱吃零食的小女孩。

薯片、巧克力、牛肉干、香肠……只要是零食，慧慧都爱吃。

然而，糖果之类的东西，慧慧是坚决不吃的，因为妈妈对慧慧说吃糖果过多会长蛀牙，慧慧也看到过那些有蛀牙的人非常难受的样子。

每当慧慧一边看电视，一边吃零食的时候，妈妈总是对她说："别再吃了，小心消化不好，又要闹肚子了。"可是，慧慧总是不听，仍旧津津有味地吃着零食，看着电视。

有一天晚上，慧慧和妈妈一起看动画片。慧慧一边看着电视，一边吃着香肠、薯片。

妈妈又开始唠叨了："不是才吃完饭吗？怎么又吃零食了？"

慧慧大声说："就要吃，就要吃，我吃得下，肚子吃不坏……"妈妈拿慧慧没办法，也就不再说什么了。

慧慧想，吃零食只要不吃坏肚子就可以了。

但是不到1年的时间，慧慧的3颗臼齿就被虫蛀得不得不去医院拔掉了。

零食，泛指非正餐时间所吃的各种食物。

像慧慧一样爱吃零食的孩子太多了，吃零食是孩子的一种普遍现象。调查表明，大约有四分之一的孩子有经常吃零食的习惯。孩子们经常吃的零食

有:膨化小食品、巧克力、饼干、糖果等。

该不该让孩子吃零食呢？营养学家认为:孩子正处于长身体的特殊时期，对能量和各种营养素的需要量比成年人相对要多,三餐之外,再吃一些有益于健康的小食品,能够为身体发育提供一定的能量和营养素,孩子们还能够从零食中得到一定的享受。因此,可以让孩子适当地吃一些零食。

但是,**经常吃零食,会影响胃肠规律性活动,使胃肠功能紊乱,导致营养物质的消化和吸收障碍。**一般来讲,零食口感较浓烈,比较甜或咸,对孩子的味觉有强烈的刺激,使味觉敏感度下降,造成味觉迟钝,食欲下降。尤其"垃圾食品"尽量不要给予,避免吃不下正餐,造成"本末倒置"。经常吃零食也会影响孩子从正餐中获得所需的全面均衡的营养物质。这样,孩子入幼儿园、小学,就不能适应集体生活的就餐习惯,而不好好吃饭,影响了孩子的健康成长和发育。

因此,吃零食要节制,要让孩子学会控制自己,不要形成习惯,不要吃起来就没完没了。一般可在两餐之间感到有些饿时吃点零食,但不可过多,以免影响正餐。此外,吃零食时要注意卫生,不干净的零食不要吃,尤其是那些直接手抓入口的零食,吃前一定要把手洗干净。在走路、看书以及在公共场所,不要吃零食,因为那样做既不雅观,又不卫生。

孩子一旦养成吃零食的习惯,纠正起来比较费力。要想改变不良习惯,全家人态度必须一致才能奏效。"言传不如身教"。孩子的模仿能力极强,如果家长本身的饮食习惯不正常,或者常常随便以零食果腹,自然没有理由去要求孩子遵守定时吃饭习惯。

经常毫无节制地吃零食,时间长了,就会影响孩子的正常生长发育,造成营养不良,导致身体抵抗力下降。所以,即使孩子哭闹淘气地要吃零食,也要按照饮食科学加以节制,只有这样,才能逐渐改变经常吃零食的习惯。

温馨小贴士

孩子吃零食要注意什么呢？建议做到以下几条：

1. 原则上不让孩子吃零食。零食不能代替正餐，该吃饭的时候要吃饭，不能以吃过零食为借口不吃饭。如果吃零食，也应在两顿饭之间吃，不要在接近正餐时吃，以免影响食欲。

2. 临睡前不要吃零食。睡前吃零食会增加胃肠负担，影响睡眠，另外睡前吃零食如果不注意刷牙，容易发生龋齿。

3. 注意控制吃零食的量。吃零食时，要注意控制吃零食的量，特别是在看电视时，如果食量不加控制，很容易不知不觉地吃进太多的小食品。看电视多的孩子好发胖，与边看边吃零食不无关系。

4. 让孩子轻松愉快地进食。孩子有了缺点，不要在吃饭时管教，以免使孩子情绪紧张，影响消化系统的功能。孩子进食时，应该有愉快、安静的环境。

5. 不要过分迁就孩子。不要在孩子面前谈论他的饭量，以及爱吃什么不爱吃什么。该吃饭时，把饭菜端上桌，如果孩子不吃，不要埋怨，也不要打骂，应该把饭菜端走。下顿如还不吃，再照样办，使他饿上一两顿，因为适当的饥饿能改善孩子的食欲。

习惯33　五谷杂粮都要吃

生命离不开营养物质，营养物质主要来源于饮食。食物中含有人体需要的物质，这些物质有的供给能量，有的促进新陈代谢，有的还是生长发育和抵抗疾病的物质基础。因此，在日常生活中要合理饮食，五谷杂粮都要吃。

半夜里，冬冬起来小便，刚走到厨房门口，就听到了叽叽喳喳的声音，仔细一听，原来是冰箱里的“小居民们”在说悄悄话。

只听玉米唉声叹气地说：“我们玉米是世界上公认的‘黄金作物’，纤维素比精米、精面粉高4～10倍。纤维素可加速肠部蠕动，吸收人体的一部分葡萄糖，增强消化能力，还有减肥的功效，可是冬冬平常看都不看我一眼，真是气死人。”

苦瓜先生也叹息道：“那个冬冬啊！一天到晚就知道吃零食，他妈妈把我做好放在桌子上，冬冬嫌苦，把我丢在垃圾桶里。其实我很有营养，还败火。可他就是不吃，真伤脑筋啊！”

接着，番茄小姐忍不住嚷道：“苦瓜先生说得对。冬冬也不吃番茄呢！番茄这么好吃，又有很高的营养价值，可冬冬却嫌我酸！唉，真没救了！一天只知道吃大鱼大肉，偏食很不好！”

“我们也烦死了，每天都被小主人吵着从冰箱里拖出来，煮熟以后又油炸，说是做肯德基，其实把我身上的营养都炸跑了，我们最怕这个偏食的小捣蛋，他让我们受尽折磨，该怎么办呢？”冻鸡腿愤愤地说。

这时，坐在冰箱里的豆腐说：“我们豆类等杂粮的功效就不自己夸了，如果上网一查，好处多得吓死人。其实，不爱吃五谷杂粮是小朋友在无意中养成的。不如这样，我们给冬冬写封信吧！”

豆腐的话音刚落，就得到大家的一致赞同。一会儿就听豆腐先生轻轻地念起信："亲爱的冬冬，为了你的健康，请不要偏食、挑食，平时多吃五谷杂粮，要注意荤素搭配，均衡营养！"

冬冬听了，不好意思地笑了。

食物是身体的能量之源，只有吃得好，身体才能健康。而如今，随着生活条件的改善，很多孩子喜欢吃肯德基、麦当劳，喜欢喝可乐、吃零食，却忽略了不良饮食习惯对身体潜在的危害。

合理的营养和良好的饮食习惯，是孩子健康成长的基本要素。对此，营养专家们提出，要给孩子餐桌上建一个"金字塔"：**最底层应是主食，主要是五谷杂粮和豆类；第二层是蔬菜、水果，其中绿色蔬菜应占1/2以上；第三层是奶及奶制品；第四层是鱼、肉、蛋；塔尖即少许油、盐、糖。**

现在通常说的五谷杂粮，是指稻谷、麦子、高粱、大豆、玉米，而习惯上将大米和面粉以外的粮食称作杂粮，所以五谷杂粮也泛指粮食作物。

我们吃的五谷杂粮，不仅有果腹之效，还有相当多的药性。拿玉米来说，是世界上公认的"黄金作物"，纤维素比精米、精面粉高4~10倍。纤维素可加速肠部蠕动，可排除大肠癌的因子，降低胆固醇吸收，预防冠心病。玉米能吸收人体的一部分葡萄糖，对糖尿病患者有缓解作用。

生命离不开营养物质，营养物质主要来源于饮食。食物中含有人体需要的物质，这些物质有的供给能量，有的促进新陈代谢，有的还是生长发育和抵抗疾病的物质基础。因此，在日常生活中，要合理饮食，五谷杂粮都要吃。

著名健康教育专家洪昭光先生曾经指出人的健康四大基石是"合理膳食、适量运动、戒烟限酒、心理平衡"。我们只有坚持让孩子合理饮食，均衡营养，才能为孩子每天的辛苦学习提供必需的能量，才能为孩子健康的人生打下基础。

温馨小贴士

怎样才能让孩子做到合理饮食、五谷杂粮都要吃呢？建议做到以下几点：

1. **五谷杂粮巧搭配。**做米饭时在大米中加上些小米、豆类等；做面食时在面粉中加上些玉米粉或黄豆粉，再经常给孩子吃一些番薯类食物，就可起到碳水化合物和植物蛋白的营养互补作用。

2. **经常变换食物的制作方法。**安排五谷杂粮饮食时，进行同类营养互换，丰富多彩的膳食能调动孩子的进食欲望。如孩子不喜欢面条可以做成烙饼，同一类的食物所含的营养成分大体近似。

3. **学会正确的淘米方法。**淘洗米时应根据米的清洁程度进行恰当清洗，不要用流动的水冲洗，也不要用热水烫洗，更不要用手用力搓洗，通常米类以蒸或煮的烹调方法营养损失的最少。

4. **蒸或烙是做面食的最佳方法。**把面粉做成馒头、面包、包子、烙饼等食物时，其中的营养素丢失得最少。面粉中的维生素含量本身较少，而且又不容易被孩子的肠道吸收，蒸和烙的烹调方法可以弥补这种营养缺欠。

5. **面条尽量做成汤面，不要用油去炸面食，尤其是玉米粉。**如果把玉米粉做成玉米糊、小窝窝头或是玉米饼，做时里面再放一些小苏打，做出来的食品孩子吃了很容易消化。

习惯34 吃饭时不说笑

对于生长发育中的孩子，吃饭需要专心致志地吃。因为吃饭的过程不仅是吃进去，还要让营养素被消化道充分吸收。精力分散不利于胃肠的正常蠕动、消化液的分泌。所以，在吃饭时最好不要让孩子一边吃饭，一边说笑，一定要养成专心吃饭的习惯。

有一天，淘气的小明和小亮一起去学校的食堂吃饭，小明一边吃饭一边说笑话，惹得大家哈哈大笑。

小明看到小亮一声不吭地低头吃饭，就对小亮说："怎么样，我给你说个绕口令吧？"

小亮说："先吃饭吧，妈妈说吃饭的时候最好不要说笑，会呛着的。"

"吃葡萄不吐葡萄皮，不吃葡萄倒吐葡萄皮……"小明不等小亮说完，就摇头晃脑地说起来，小亮终于忍不住大笑起来……

突然，小亮的喉咙像被什么卡住了，说不出话来，那痛苦的样子，把大家吓坏了。

周围的同学都过来帮忙，大家急得团团转，好在身边有老师经过，拨打了120，医生从小亮的喉咙里取出了一粒花生米。好险，小亮得救了，小明悬着的心才放下来。

从那以后，小明吃饭的时候再也不大声说笑了。

在医院里，我们经常听到这样的事情：有的孩子是在吃饭时说笑将米粒呛到了气管，有的吃鱼卡到了喉咙……

这是为什么呀？这主要是因为孩子吃饭不专心引起的，吃饭时谈笑容易被呛着。

早在两千多年前，孔子就提出"食不言，寝不语"。意思是说在吃饭时，不

可聊天；睡觉时，也不能说话。然而，很多人喜欢吃饭时高谈阔论，睡觉前谈天说地，或为某个观点争论不休。其实，这是一种很不好的习惯。那么，为什么要“食不言，寝不语”呢？

因为人们在进食时，消化系统在大脑统一指挥下，有条不紊地工作，唾液腺、胃肠的腺体不断地分泌消化液，胃肠蠕动加快而促使消化与吸收。如果人们在吃饭时说笑，则容易使食物、汤液由咽喉误入气管，导致吸不进气，也呼不出气，发生窒息危险，所以说吃饭时说笑是一件非常不好的事情。此外，“食不言”的原因还有两点：

- **食不言，能使营养充分吸收。**如果吃饭时说话，可能会造成食物未经充分咀嚼，就进入胃肠，营养成分难于被人体所吸收。

- **食不言，能为胃肠减负，预防肠胃疾病。**如果在吃饭时，高谈阔论，或边吃饭边看书和思考问题，势必把尚未嚼烂的食物咽下，加重胃肠的负担。轻则会引起胃病，久之则可能会产生消化系统的溃疡，患肠胃疾病。

然而，在生活中还会经常看到这样的情景：一些家长一边吃饭，一边询问孩子的学习考试情况，当孩子回答说考试成绩不好时，便会招来家长的一顿数落或责骂。这样一来，孩子的情绪一落千丈，胃口大减，从而导致了饭量和胃液分泌减少，长此以往可能会出现消化不良，影响孩子正常的生长发育。

因此，医生建议我们在吃饭时一定要让孩子精力集中，在吃饭时不要说笑，吃饭就是吃饭，不做其他事情，一定要养成专心吃饭的好习惯。

温馨小贴士

怎样才能让孩子做到吃饭专心呢？建议做到以下几点：

1. 培养孩子专心吃饭的习惯。孩子到了3岁以后的时候，就应引导他乖乖地坐着吃饭，不可边吃边玩。

2. 在就餐前，尽量不要训斥孩子，让孩子在进餐前和进餐时保持愉快的心情。

3. 孩子吃饭需要父母的帮助与指导，但不要不停地催促，也不要给孩子喂饭和夹菜，让孩子尽早养成自己就餐的习惯。

4. 让孩子建立起在餐桌上吃饭的意识，只要是吃饭就必须到餐桌上，更不要追着孩子喂饭。

习惯35　不边走边吃

边走边吃是孩子上学途中常见的现象。边走边吃和边吃边玩都是相当不好的饮食习惯，不仅容易吃进灰尘、冷风，而且会影响消化液的分泌。孩子正是长身体的时候，吃不好或者不吃早餐影响身体发育，并且在路上边走边吃也十分不安全。

上课铃响了，同学们坐得端端正正，等着老师来上课。

这时，小丽边吃东西边气喘吁吁地跑进教室。老师开始讲课了，而小丽却在不停地扭动。好不容易下课了，小丽捂着肚子跑出了教室。

老师在办公室里刚喝了两口水，突然有个同学喊报告，原来是小丽的同桌慌慌张张地跑了进来，说："老师，小丽肚子疼，疼得很厉害。"

老师赶紧走出办公室，看到小丽正捂着肚子，脸上还有汗珠子。

看到小丽很痛苦的样子，老师赶紧带她去学校附近的诊所。大夫问了一下大体情况，说："边跑边吃东西，胃里进了凉风，当然会肚子疼了！"大夫给小丽开了点药，回到学校老师让她吃了药。过了一会儿，小丽就好了。

下午开班会的时候，老师就拿这件事告诫同学们。

小丽主动走到讲台前面，跟大家讲自己肚子疼的原因，并保证以后再也不边走边吃东西了。

下课的时候，老师问："同学们，今后你们还会边走边吃东西吗？"

班长说："不会了，吃饭要在家里安静地吃，如果边走边吃，不仅会肚子疼，而且还有危险呢！老师放心吧，我们一定改掉这个坏习惯。"

"那老师就等着看你们的实际行动了！"老师笑着说道。

在生活中，我们经常发现有的孩子上学时来不及吃饭，就从家里拿着食物在路上边走边吃;还有的孩子在路上买零食边走边吃。这两种行为都是不好的,不仅影响了身体健康,而且很不文明,甚至影响到课堂上的学习。

长时间在路上边走边吃对胃肠是很不好的,因为吃进的食物不容易消化,并且会将空气中的病菌吃进肚中,容易得胃病。时间久了,身体还会发育不良。另外,在路上吃东西时,容易发生意外事故。

为了让孩子有一个更棒的身体和更好的学习状态,建议家长们每餐都要给孩子做适合口味的饭菜,让孩子在家里吃饱吃好,杜绝边走边吃的现象。

温馨小贴士

怎样才能让孩子做到不边走边吃呢？建议做到以下几点：

1. 家长要及时做好早餐和午餐，让孩子在上学前有充足的时间吃饭，不至于抢时间、急着赶路。

2. 平时，要尽量让孩子在家里吃饱饭后再去上学，或者再去干其他事情。

3. 假设遇到特殊情况，需要边吃边走时，一定要让孩子注意安全。

4. 注意把吃剩下的食物或垃圾用塑料袋包好，放到垃圾桶中，不要随手一扔，影响环境卫生。

习惯36 多吃蔬菜和水果

对于处在生长发育过程中的孩子，在增加各种营养素的同时，要鼓励孩子多吃蔬菜和水果。因为蔬菜和水果中所含有的丰富的维生素、矿物质等，是人体所需的主要营养素来源。

维生素是人体不可缺少的一种营养素，它是由波兰的科学家丰克为它命名的，丰克称它为“维持生命的营养素”。

人体中如果缺少维生素，就容易患各种疾病。因为维生素跟酶类一起参与肌体的新陈代谢，能使肌体的机能得到有效调节。那么维生素是怎么被人们发现的呢？

1519年，葡萄牙航海家麦哲伦率领的远洋船队从南美洲东岸向太平洋进发。3个月后，有的船员牙床破了，有的船员流鼻血，有的船员浑身无力，待船队到达目的地时，原来的200多人，活下来的只有35人，人们对此找不出原因。诸如此类的坏血病，曾夺去了几十万水手的生命。

1734年，在开往格陵兰的海船上，有几个船员也得了严重的坏血病，当时这种病无法医治，其他船员只好把他们抛弃在一个荒岛上。但是，这些被抛弃的船员苏醒过来后，用野草充饥，几天后他们的坏血病竟不治而愈了。

1747年英国海军军医林德总结了前人的经验，建议海军和远征船队的船员在远航时要多吃些柠檬，他的意见被采纳，从此未再发生过坏血病。但那时还不知柠檬中的什么物质对坏血病有抵抗作用。后来人们经过研究，终于知道了维生素C可以用来治疗坏血病，而维生素C主要存在于新鲜的水果和蔬菜中。

国内外的研究表明，素食者比肉食者的心脏病发病率少30%，癌症发病率少40%。另外，素食者患肠胃功能紊乱、高血压、肥胖症的概率也要比肉食者低得多。

而现在，有不少家长片面地认为，孩子吃鱼、肉就行了，少吃或不吃蔬菜、水果没有关系。殊不知，蔬菜、水果中含有大量维生素、纤维素和微量元素，吃蔬菜和水果过少的孩子，其免疫力和健康水平会迅速降低。实验表明：孩子吃肉时加点儿蔬菜和水果，蛋白质吸收力可高达87%，比单纯吃肉类多20%。

生活中我们常见到的不正常肥胖型和瘦条形的孩子，就是家长放任孩子挑食、偏食，荤素搭配不合理，饮食结构不科学，以致营养失去平衡的缘故。孩子不良饮食习惯的养成还和有些家长教育方法不当有关。有的家长易走极端，要么靠哄骗吃饭，要么靠打骂和训斥。久而久之，孩子形成逆反心理，愈发不爱吃蔬菜。

“冬吃萝卜夏吃姜，不用医生开药方。”其实，蔬菜、水果和薯类中含有丰富的维生素、矿物质和膳食纤维，是人体所需上述营养素的主要来源。蔬菜含有人体极为重要的各种维生素；蔬菜是人体矿物质的重要来源；蔬菜可以中和胃酸；蔬菜含有丰富的纤维素，有利于促进肠胃蠕动，可以起到促进消化和预防便秘的作用。

因此，蔬菜和水果是我们每天必不可少的食物。各种蔬菜和水果的营养成分各不相同，它们的颜色、味道和结构亦各不相同，因此家长要从小培养孩子吃各种蔬菜和水果的良好习惯，以防孩子挑食、偏食，使孩子得到充分合理的营养，健康地成长。

温馨小贴士

给孩子多吃蔬菜和水果应该注意些什么呢？建议做到以下几点：

1. 挑选当季水果和蔬菜。挑选的水果品种应选择当季的新鲜水果和蔬菜。现在水果和蔬菜保存方法越来越先进，我们经常能吃到一些反季节品种，冬天吃到夏天的西瓜已经不是什么稀罕事。但有些水果，例如苹果和梨，营养虽然丰富，可如果储存时间过长，营养成分也会丢失得厉害。

2. 确定吃水果的最佳时间。一些家长认为饭后吃水果可以促进食物消化，这种想法对于成人来说没错，可对于正在生长发育中的孩子却并不适宜。这是因为，一些水果中有不少单糖物质，虽然说它们极易被小肠吸收，但若是堵在胃中，就很容易形成胃胀气，还可能引起便秘。所以在饱餐之后不要马上给孩子吃水果。

3. 水果要与孩子体质相宜。这一点非常重要，不是所有的水果孩子都能吃。家长要注意挑选与孩子的体质、身体状况相宜的水果。比如，体质偏热、容易便秘的孩子，最好吃寒凉性水果，如梨、西瓜、香蕉、猕猴桃等，它们可以败火。如果孩子体内缺乏维生素 A、维生素 C，那么就多吃杏、甜瓜及柑橘，这样能给身体补充大量的维生素 A 和维生素 C。孩子患感冒、咳嗽时，可以用梨加冰糖炖水喝，因为梨性寒、生津润肺，可以清肺热，但如果孩子腹泻就不宜吃梨。对于一些体重超标的孩子，家长要注意控制水果的摄入量，或者挑选那些含糖较低的水果。

4. 水果不能随便吃。水果可不是吃得越多就越好，每天水果的品种不要太杂，每次吃水果的量也要有节制。一些水果中含糖量很高，吃多了不仅会造成孩子食欲不振，还会影响孩子的消化功能，影响其他必需营养素的摄取。另外有些水果不能与其他食物一起食用。比如柿子与红薯、螃蟹一同吃，便会在胃内形成不能溶解的硬块儿。轻者造成孩子便秘，严重的话这些硬块不能从体内排出，形成结石，致使孩子胃部胀痛、呕吐及消化不良等。

5. 注意水果的清洗方法。吃水果前应将水果清洗干净，并在清水中浸泡 30 分钟或用淡盐水浸泡 20 分钟，再用流动水冲净后食用；水果能削皮的尽量削去皮，有些水果在食用前要用毛刷刷干净，而不能因为图方便在水龙头下冲冲了事。

习惯37　少喝饮料，多喝白开水

随着生活水平的提高，喝饮料的孩子越来越多，喝“白开水”的却越来越少，这实际上是一种影响孩子健康成长的不良倾向。营养专家认为，经常喝饮料对儿童健康不利。“白开水”才是孩子的最佳饮品，应该让孩子养成喝“白开水”的好习惯。

“小青，别喝饮料了，这么一会儿你都喝好几杯了。”爸爸对正在踮起脚够饮料瓶的小青说。

“没事，让她喝吧，她不爱喝水，你看玩了半天肯定渴了。”妈妈帮小青拿到饮料。

“饮料里含有一些色素、香精之类的化学成分，宝宝喝了对身体一定会有不良影响的。”

“那怎么办？小青不爱喝白开水，总不能让她就这么渴着吧。”

“想办法吧，一定要给她养成喝白开水的习惯。”

第二天，爸爸下班回来后，说：“小青，你看爸爸给你拿回来什么了？”小青跑了出来一看，哇，是一个蓝色的小熊形状的透明杯子，上面还有一支漂亮的弯成心形的彩色吸管。

小青高兴地拿着杯子看了又看，然后说：“爸爸，把饮料装里面吧，我要喝！”

爸爸摇头说：“不行。蓝色小熊从不喝饮料。它说：‘我从不喝饮料，只喝白开水！因为我是健康的小熊。’小青，你和小熊一起喝白开水吧！”

小青点点头说：“好的！”

装上白开水的蓝色小熊更好看了，小青抱着杯子走来走去，一会儿吸上一小口。每当这时，妈妈就趁机夸奖她：“小青真乖，变得和小熊一样健康了！”

慢慢地，小青不再排斥白开水了。

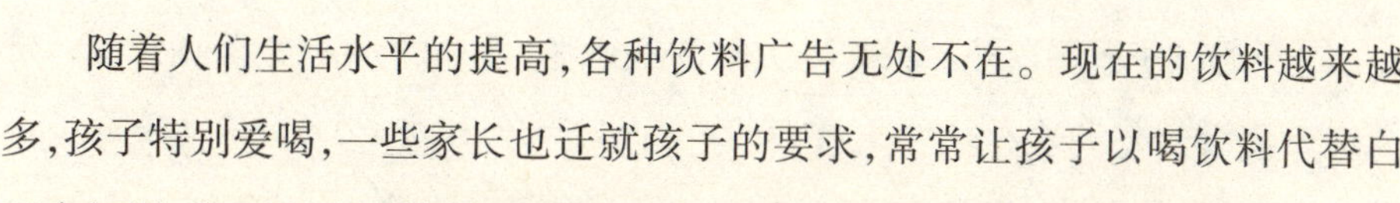

随着人们生活水平的提高，各种饮料广告无处不在。现在的饮料越来越多，孩子特别爱喝，一些家长也迁就孩子的要求，常常让孩子以喝饮料代替白开水解渴，甚至以为喝饮料比喝白开水有营养，这其实是一种错误看法。

饮料中的基本成分为碳酸水、糖、柠檬酸、香料、苯甲酸钠，这些成分并非孩子身体发育必需品，而饮料中的糖和大量电解质不像白开水那样会很快从胃内排空，长期存在胃中会对胃产生不良刺激，影响消化和食欲，还会增加体内热量而引起孩子身体肥胖。与饮料相比，白开水虽然便宜，但不失为人体内不可缺少的天然饮品，所以千万不可用饮料代替白开水。

所谓“白开水”，就是把水烧开之后，盛放在有盖的干净容器中，冷却到25～30℃。水煮开后水中的细菌也被杀死了，除去了有害于人体健康的有机化合物，煮沸后自然冷却的凉开水最容易透过细胞膜进入细胞促进人体的新陈代谢，增加血液中血红蛋白含量，增强机体免疫功能，提高人体抗病能力。习惯喝凉开水的人，体内脱氢酶活性高，肌肉内乳酸堆积少，不容易产生疲劳。“白开水”被俄罗斯、美国、日本的科学家称为“复活神水”。

从现在来看，喝饮料的孩子越来越多，喝“白开水”的却越来越少，这实际上是一种影响孩子健康成长的不良倾向。营养专家认为，经常喝饮料对儿童健康不利，**“白开水”才是孩子的最佳饮品，应该让孩子养成喝“白开水”的习惯。**

温馨小贴士

怎样才能引导孩子少喝饮料，多喝白开水呢？建议做到以下几点：

1. 让孩子明白喝过多饮料的害处。当前，市场上销售的饮料绝大多数属碳酸饮料，含糖量都较高，其中有些还含有对孩子生长发育会产生负影响的色素、香精和防腐剂等，让孩子明白经常喝饮料的危害。

2. 家里不存饮料。既然不想让孩子成天抱着饮料瓶，那么家长首先就要做到不买，也不在家里存饮料。就算偶尔让孩子解解馋，也应该当场就喝完或丢弃。

3. 鼓励孩子多喝白开水。人的生命离不开水，而白开水是健康的良药。清晨起床后喝一杯水让人神清气爽；餐后半小时喝一杯水，促进消化；睡前半小时喝一杯水，让身体在睡眠中仍然能维持平衡的状态。

4. 家长要以身作则。为孩子树立起喝白开水的榜样，这样才能有效引导孩子多喝白开水、少喝饮料。

习惯38 坚持天天锻炼身体

人们常说："身体是革命的本钱。"不论现在的勤奋学习，还是将来担负什么样的工作，从事什么样的职业，身体健康是干好一切的基础和前提，所以一定要注意天天锻炼身体。

竺可桢(1890～1974)，浙江绍兴人，是中国气象学家和地理学家，中国近代气象事业创始人之一。

竺可桢小学毕业时，他的才学和求知精神，在同龄人中都是一流的。然而，他的个子和体重却比同龄人要差很多，显得又瘦又小，好像发育不良似的。

为了使孩子掌握更多的知识，成为国家的有用之才，小学毕业的竺可桢便被父母送到了上海去读书。来到这个大都市后，竺可桢依然像在家乡时一样勤奋而好学，然而，他的那副单薄瘦弱的身材却成了同学们冷嘲热讽的对象。

有一天，在教室的走廊里，迎面走过来几个同学，在经过竺可桢身边的时候，几个人嘻嘻哈哈、挤眉弄眼，其中一个人大声挖苦道："这副小身材，一遇台风准得飞上天。"

另一个接着说道："好一个寒酸的小矮子，准保活不过20岁。"

听到这些话，竺可桢十分气恼，真想走上前去狠狠地回敬他们几句，可转念一想：谁叫自己长了这么一副单薄的身子骨呢。

晚上，竺可桢躺在床上久久不能入睡，白天同学们说的话一遍又一遍地在耳边回响着，竺可桢想：既然自己立志要为国家出力，想成为一个对国家、对社会有用的人，就得有一个好身体，就得首先战胜自己病弱的身体。

"对，男子汉想到就要做到。"竺可桢立马从床上爬起来，连夜制订了一套详细的锻炼身体的计划，还手写了一条"言必信，行必果"的格言，作为警句贴在宿舍里最明显的地方，时时地提醒自己。

从那以后，竺可桢每天天一亮就从床上爬起来，到校园里跑步、舞剑、做操。即使遇到大雨天，也从不间断。

就这样，竺可桢以顽强的意志坚持了一段时间，体质明显地有了好转，以前请病假是很常见的事，自从锻炼身体后再也没有请过一次病假。

小竺可桢凭着自己的勤奋与好学，凭着自己的意志与精神，身体越来越强壮，在知识的海洋中越走越远，越走越远……

有人说，健康是1，学业、事业、财富、前程……都是0，当一个人拥有健康时，他可能拥有10、100、1000甚至更多，如果失去1，拥有再多的0也是一无所有。由此，我们不难发现健康对人生的重要。

人们常说，“身体是革命的本钱”，而进行体育锻炼是保证健康体魄的重要条件。如果说寻医问药是治标不治本，而体育锻炼则是防患于未然。

专家们指出，中国孩子近年来体质持续下降，绝非营养不良所致，而是运动不足引起的。“发展体育运动，增强人民体质”是我们耳熟能详的话，至今还应在我们的生活中起指导作用。

忽视运动等于忽视孩子健康，孩子的健康成长离不开体育锻炼。父母要处理好孩子的学习与锻炼的关系，就要把运动健身作为孩子成长的动力，作为对孩子心灵与意志的磨炼、提高，适应社会的有效方式。要认识到运动健身是培养孩子全面发展的必不可少的一部分，而不是额外的、可有可无的事情。

生命在于运动。**每天锻炼1小时，健康生活一辈子。**不论孩子现在的勤奋学习，还是将来担任什么样的工作，从事什么样的职业，身体健康就是干好一切的基础和前提，我们一定要天天锻炼身体。

温馨小贴士

如何让孩子坚持天天锻炼身体？建议家长做到以下几点：

1.给孩子创造运动的条件。鼓励孩子多到户外活动，呼吸新鲜空气，接受阳光照射，支持孩子参加各种体育锻炼，以增强孩子的体质。

2. 与孩子一起参加体育活动。经常带孩子去公共场所观看他人健身运动，感受运动给人带来的活力，从中获得熏陶和感染。

3. 帮助孩子选择合适的锻炼形式。体育运动的多样化决定了锻炼形式的多样化，孩子选择最适合自己的形式，有助于他们更长久地坚持。

习惯39 节约水和电

我们的生活离不开水和电，我国还是一个缺水、缺电的国家。现在水电的大量浪费已成为社会上一个亟待解决的问题，节约水电应当成为每个公民应尽的责任。要让孩子懂得从身边做起，从自己做起，节约每一滴水、每一度电，支援国家建设。

青海省的一个沙漠地区特别缺水。

据介绍，每人每天只有靠驻军从很远的地方运来3斤定额的水量。3斤水，不光饮用、淘米、洗菜……最后还要喂牲口。

终于有一天，一头一向被人们认为憨厚、忠诚的老牛挣脱缰绳，强行闯入沙漠中一条运水车必经的公路。老牛以超强的识别力，等运水的军车来了，便迅速将头顶到水车上去，蹄子像生了根一样，一动不动。运水的战士以前也碰到过牲口拦路索水这样的情形，但那些动物不像老牛这样倔强。

部队有规定，运水车在中途不能出现跑冒滴漏，更不能随便给水。沙漠中，人和牛就这样耗着，后面的司机开始骂骂咧咧，有些性急的司机用汽油点火试图驱走老牛。可老牛丝毫不动，泰山一样，不放松。

牛主人来了，他操起长鞭狠狠打在瘦弱的老牛身上，老牛被打得浑身伤痕累累，可还是没有动。顺着鞭痕沥出的血迹染红了鞭子，染红了牛身，染红了黄沙。

老牛的凄惨哞叫和着沙漠中阴冷的酷风，显得那么悲壮。一旁的运水战士哭了，被堵车的司机也哭了。最后，运水的战士说："就让我违反一次队规吧，我愿接受处分。"他拿出自己随身带的水盆，从水车上放了3斤左右的水，放在老牛面前。

老牛没有喝面前以死抗争得到的水，面对夕阳，仰天长啸，似乎在呼唤。

晚霞中，不远的沙堆背后跑来一头小牛犊，小牛犊贪婪地喝完水，和老牛一起在一片静寂无语中，踏上了回家的路。

看了这个故事，大家一定都非常感动，在感动之余，也一定认识到了水的珍贵。一头老牛为了干渴的小牛犊能够喝上水，宁愿自己被鞭子抽得伤痕累累。而在城市——这个尤其缺水的地方，人们饮用、淘米、洗菜的水可不止3斤5斤。所以，我们要珍惜水资源，否则，就会像广告上说的那样——**世界上最后一滴水，将是我们人类自己的眼泪。**

有人说，家大业大，浪费点没啥。在我们的校园内，在一个个办公场所内，大白天亮着灯的现象随处可见，涮个拖把却让自来水一直在流……现在水电的大量浪费已是现代生活中一个亟待解决的问题，节约水电已成为每个公民应尽的责任。

我们的生活离不开水和电，而我国又是一个缺水、缺电的国家。连续几年，全国多个省区持续干旱少雨，使水资源贫乏的情况更加严峻。电，是经济发展和社会进步的生命线，但是近几年我国供电形势严重吃紧，各地频频出现拉闸限电现象。虽然各级政府及水电管理部门想方设法，多方协调，尽力保证市民的日常水电需求，但是，缺水少电的形势已不容乐观。

"水是生命的源泉"，"电是发展的杠杆"。因此，我们应意识到，节约不是一句口号，一种空谈，而是实实在在的大事。我们应该成为节约小先锋，勤俭节约应该体现在我们的实际行动上，我们每个人都要为建设和谐社会尽一份微薄之力。

温馨小贴士

如何让孩子节约水电？建议家长做到以下几点：

1. 让孩子认识水电的重要性。孩子往往由于缺乏对水电资源的认识而存在浪费水、浪费电的行为，家长应让孩子认识水电在生活中有着不可替代的重要作用，让孩子懂得水是生命之源。如果没有水，花草干枯，鱼儿渴死，就连人类没了水也不能生存；如果没有了电，灯就不能亮了，电视也不能看了，工厂的机器也将无法运转……同时要让孩子懂得世界上有很多人，每个人都需要水和电。但是目前不仅在一些偏僻落后的地方缺水缺电，就连许多城市也出现水枯竭和停电现象，因此一定要节约水、节约电。

2. 让孩子知道怎样节约水电的细节。家长可以在日常生活中随机告诉孩子节约水电其实很简单，洗手的时候把水龙头开得小一点；用完水之后把水龙头关紧，不让水龙头滴水；洗衣服或洗菜后的废水可以用来擦地、冲厕所。节约电就是要在离开房间时，把不用的灯关掉，电视没人看时要注意关好等等，并且遇到浪费水电的行为要及时阻止。

3. 做孩子的好榜样。有的家长本身并不注意节约用水、用电，在他们的潜意识中往往认为只要付钱就可以了，用多少都无所谓，因此常出现浪费水电的现象。这些行为看似简单，但都会潜移默化地影响孩子，并淡化孩子的节约水电意识和社会责任感。

习惯40 不乱花零钱

一粥一饭，当思来之不易；半丝半缕，恒念物力维艰。孩子手中有一定的零用钱本身并不是坏事，关键是要教育、引导孩子能够正确地支配和使用手中的零钱，从小树立正确的消费观。

王梅从儿子上一年级开始就每周给儿子5元零花钱，以备他不时之需。

起初她是每周一给儿子，因为钱不多，所以她也从来没有关心儿子是怎么花的。直到有一天，她才知道原来儿子每次领到钱不到两天就花光了。

一个周二下午，已经上三年级的儿子放学后给她打电话，说自己的鼻子出血了，让她赶快过去接他。到了以后，王梅远远看到儿子站在公用电话的小店前，招手示意她过去。等她走近，儿子用纸巾堵着鼻子说，电话费还没有付呢。

"你的钱呢？"王梅奇怪地问。"我的钱昨天买麻辣烫吃用光了。"儿子低声回答。要不是看他还在流鼻血，王梅当时真想狠狠地揍他一顿。

回家后，王梅认真问起儿子给他的钱都怎么花的，他说有时到附近的小店买棒棒糖吃，有时就在路边买麻辣烫吃，有时去蛋糕房买一小块蛋糕。

"你可真馋呀。"王梅没好气地数落了儿子一顿，"给你零花钱是让你在像今天这样的紧急情况下使用的，没想到你都买吃的了。你看，到关键时刻就拿不出钱来了。今天还算好，等下次碰到更紧急的事怎么办？"

为了防止儿子一下子都把钱花掉，在总数不变的情况下，王梅从此改成每天给儿子1元零花钱。

随着经济条件的改善，许多家长给孩子的零花钱越来越多。因为他们觉得自己小时候吃过苦，现在条件好了，应想方设法满足孩子的需求。

的确，适当地给孩子一些零花钱是可以锻炼他们的理财、自理能力，但事实上，绝大部分孩子面对大把的零花钱并不会理智地支配。

曾经有一句口号叫作“再苦不能苦孩子，再穷不能穷教育”，现在有些教育界人士和家长提出了新的口号：“再富不能富孩子。”

在优裕的生活环境中长大的孩子就像温室里的花朵，缺少暴风雨的洗礼，缺少锻炼和磨难，遇到逆境和困难就不知所措，难以应对。“由俭入奢易，由奢入俭难”，当人们的生活得到改善，节俭不再是为生活所迫的被动选择时，节俭就应该升华为一种美德加以培育和弘扬。适当约束孩子们的花销，一是因为孩子们没有独立的经济来源，尚未完全具备消费主体应有的辨别能力。另一方面也是避免孩子养成大手大脚花钱的习惯，完全不懂得父母谋生的艰辛。

日本许多家庭主张让孩子自己管理零用钱。教育孩子有一句名言：**“除了阳光和空气是大自然赐予的，其他一切都要通过劳动获得。”**近年来，日本经济不景气，勤俭持家的观念愈加被推崇，很多家庭格外重视对孩子的理财教育，每月在给孩子一定数量的零用钱时，家长都会教育孩子节省使用。在给孩子买玩具时，无论高收入家庭还是低收入家庭，都会告诉孩子玩具只能买一个，如想再要一个得等到下个月。

在当今的社会，无论是老师、家长，还是社会学家、经济学家都认为孩子手中有一定的零用钱本身并不是坏事，关键是要教育、引导孩子们能够正确地支配和使用手中的钱，不乱花零钱，从小树立正确的消费观。

温馨小贴士

为了教育孩子从小养成不乱花零用钱的好习惯，培养孩子的理财能力，建议家长注意以下几点：

1. 教育孩子花零用钱要有计划。家长要让孩子知道钱的用途是什么，认识钱只可用来购买自己最需要的东西，可以让孩子到超市去体验怎样花最少的钱买到最多最好的东西。

2. 教会孩子合理使用积蓄。给孩子买个钱包或储蓄罐，告诉孩子必须把零用钱的一部分攒起来，剩余的钱作为零花。在教孩子学会精打细算、不乱花钱的时候，也要让孩子学会富有爱心，可以让孩子自愿把其中的一部分捐赠给需要帮助的人。

3. 让孩子准备一个账本。让孩子把零用钱都一一记录在账本上，一月一小结，知道花在什么地方，理清哪些钱该花，哪些钱不该花。长此以往，孩子就在不知不觉中学会理财，学会如何合理地使用零用钱。

4. 不要错误引导孩子过分节俭。零花钱只有科学地使用才能实现它的价值，但是如果孩子一味地攒钱不花也是不好的。不花钱就等于没有学会正常的消费。

习惯41 不吸烟，不喝酒

健康就是金子一样的东西。对未成年的孩子来说，吸烟、喝酒会引起多种疾病，危害身体健康，影响生长发育。作为家长，一旦发现未成年孩子有吸烟或喝酒的行为，要态度坚决地加以制止。

列宁上大学时开始吸烟。列宁的母亲是医生的女儿，她懂得吸烟的害处。她对儿子吸烟上了瘾感到很伤脑筋，曾多次叫列宁戒除这一不良嗜好。

开始，列宁面对着母亲的劝告只是微笑着说："妈妈，我是健康的，吸这点烟不可能造成多大的危害。"母亲疼爱儿子，她想了许多办法叫儿子戒烟，可都没有效果。后来，她终于想出一个好办法。

有一次，母亲对列宁说："孩子，我们是靠你父亲的抚恤金过日子，抚恤金是不多的，每一样多余的花费都会直接影响到家庭生活。你吸烟虽然花费不多，但日久天长，也是一笔不小的开支，假如你不吸烟，那对家庭生活是有好处的。"那时，俄国的纸烟并不贵，母亲是为了叫列宁不吸烟才这样说。

列宁听到母亲的话，很受感动。他对母亲说："对不起，您说的这些过去我没有考虑到。好！从今天开始，我不吸烟了。"列宁说完，把口袋里的烟掏出来放在桌子上，不再摸它了。

吸烟、喝酒的行为在成人世界里是不提倡的，在某些场合是严令禁止的。很多未成年人却对此充满了好奇，并试图照着成年人的样子偷偷模仿。

究其原因：一方面在于许多未成年人本身还不能充分地认识喝酒、吸烟对身体的危害；另一方面，包括父母在内的整个社会对孩子的喝酒、吸烟所采取的"宽容"态度也助长了孩子的这份好奇。

吸烟的死亡率比起不吸烟的人要高30%～80%。而且，有数据表明，开始吸烟的年龄越低,死亡率就越高。比如,从 15 岁开始吸烟的,20 年以后与同年龄不吸烟人的比较,平均剩余寿命要短 6.1 年。

吸烟对身体的慢性危害不仅能致癌,还能引起心肌梗死等循环器官障碍和支气管炎、哮喘等呼吸器官的疾病。而且,由于尼古丁的作用除使血管收缩会造成突发性血压升高以外,还会因一氧化碳的影响而降低血液中的输氧功能,形成临时性缺氧。

酒中所含酒精对成长期孩子的身体发育有很坏的影响。酒精是和手术上使用的麻醉药具有同样作用的一种药物,年纪越小其作用表现得也越强。如果孩子模仿成年人在短时间内喝大量的酒时,会导致生命危险。如果从幼时养成习惯,不仅会使智能发育迟缓,甚至还会影响到全身的内脏器官发育并使之发生病变。

吸烟不长寿,长寿不吸烟。作为家长,一旦发现孩子有吸烟或喝酒的行为,要态度坚决,及时纠正。首先要鼓励孩子敢于对同伴递过来的烟说不,坚决不吸第一口烟,告诉他们还有其他结交朋友的方式,比如一起玩游戏、一起讨论问题等,要通过塑造健康的形象和良好的生活习惯让孩子远离烟酒。

温馨小贴士

怎样才能杜绝孩子吸烟、喝酒的坏习惯呢?我们的建议是:

1. 让孩子切实感受到吸烟的危害性。让孩子认识到:香烟中含有尼古丁等多种有害物质,吸烟对呼吸器官的损害尤其严重,许多呼吸道疾病都与吸烟有关。

2. 家长要制止孩子对烟、酒的好奇。多项研究表明,孩子接触烟、酒并进行尝试的一个很重要的动机是好奇心。而这种好奇是在缺乏理性认识基础上的好奇,孩子看到的多是吸烟、喝酒中表现出的“豪气”,吸毒后的“仙境”体验,而没有认识到烟草、酒精等对自己的身体、心理健康的严重危害。

3. 让孩子集中精力学习。孩子染上了吸烟的坏习惯,这就很明显地表现出孩子的注意力并没有完全集中在学习上。凡是学习用功的孩子,他们往往没有时间过多关注学习以外的事情。因此，要让孩子戒烟，关键在于让孩子明白，在现阶段的主要任务是学习，不应该为别的事情而过多分心。

4. 家长要成为孩子养成良好生活习惯的榜样。不少孩子吸烟、喝酒的最初模仿对象便是父母。有些家长对孩子偶尔的吸烟、喝酒不予制止，甚至有时在朋友聚会时带孩子，让孩子参与成人烟酒为主的社交场合，这显然不利于孩子的健康发展。一旦孩子有了瘾，家长反过来责备禁止，却已丧失了说话的权威。所以，要想让孩子不吸烟、不喝酒，家长首先要检点自己的行为。

5. 丰富孩子的业余生活。充实孩子的精神世界是防止孩子染上恶习的积极预防措施。有的孩子吸烟、喝酒是出于生活无聊、焦躁不安、厌倦学习、前途无望，便学着电影、电视或日常成人的样子吸烟解闷、喝酒浇愁。家长因此要在丰富孩子的精神生活方面下功夫，工作再忙，也要抽出时间陪陪孩子，组织家庭文化活动，一起看电影、戏剧，外出旅游、参观，或培养孩子高雅的业余爱好，以分散孩子多余的精力。

习惯42　不跟别人比吃穿

傣族有一句谚语：比耕比种能富裕，比吃比穿必贫穷。要让孩子从小懂得钱是来之不易的，应该把钱花在刀刃上，注意节约，做到不比吃穿，不贪享受，懂得珍惜劳动成果，培养孩子勤俭节约的良好习惯。

新中国成立后，周恩来总理在生活上始终保持战争年代那种艰苦朴素的作风。他常说：生活上不要那么讲究，穿得旧一点别人看着也没关系，丢掉艰苦奋斗的传统才难看呢。

进北京后，周总理第一次做衣服，选中了“红都”服装店。工作人员介绍：“这是闻名全国的高级服装店。”

周总理笑容满面：“我就是慕名而来的。”

面对工作人员介绍的英国呢料、澳大利亚毛料等各色的外国衣料，周总理摇摇头，说：“我要中国料子，无论毛料布料都要国产的。”

这次他做了一套青色粗呢料中山服、一套蓝卡其布夹衣和一套灰色平纹布中山装。这几件衣服一直穿到1963年，始终光滑整洁、挺挺括括。

衣服穿了10年仍然挺挺括括，其中当然有奥妙。

周总理有两只袖套，办公时必定套在胳膊上，这样就保护臂肘不会磨损得太快。然而，他一天工作长达十七八个小时，天长日久仍不免磨损磨破，于是，便送去“红都”请裁缝织补，一般人是看不出来的。衣服虽然旧了，会客时将衣服熨烫一遍，穿出来仍然挺挺括括，再加上他潇洒大度的仪容举止，丝毫无损大国总理的风度。

周总理吃饭很简单，经常是两菜一汤，主食吃普通面粉，或吃普通大米，而且每周至少一顿粗粮。在三年自然灾害时期，周总理不吃肉，不吃鱼，不吃蛋，和全国人民同甘共苦。在中南海，他常常排队买饭。

有一次，他买了一碗玉米饭和一碗汤，最后碗里剩下的汤，周总理就用窝窝头蘸着吃完，一点也不浪费。

同志们见到这种情景，都非常感动，劝他说："总理，你肩上的担子重，一定要保重身体。现在虽然困难，但我们这么大的国家总能让您吃好一点。"

周总理却亲切地对大家说："现在全国人民度荒年，我们领导更要带头。"

不比吃，不比穿，我们的开国领袖为大家树立了很好的榜样。

现在随着生活水平的不断提高，越来越多的人开始重视穿着打扮，这是经济发展的必然结果，也是社会文明进步的体现。

然而，作为一个孩子，如果过于讲究穿着打扮，一味地追求高档、名牌，则不是一件好事，这种攀比心理是万万要不得的。轻则会影响孩子的心情，进而影响学习；重则会使孩子的人生观、价值观发生变化，从比吃、比穿发展到追求享乐。而一旦个人追求不能得到满足时，就可能不择手段地去获得，甚至走上犯罪的道路。

因此，家长对孩子过于讲究穿着的现象不能掉以轻心，更不能盲目迁就，助其发展，而应该加强对孩子进行正确引导，帮助孩子克服不良消费观念和消费行为，形成正确的消费观念和消费行为。

我国民间有句谚语："比耕比种能富裕，比吃比穿必贫穷。"作为家长，应当让孩子从小懂得继承和发扬中华民族勤劳节俭的优良传统和美德，意识到勤俭节约的作风是光荣的，相互攀比是可耻的，做到不比吃穿，不贪享受，懂得珍惜劳动成果，培养孩子勤俭节约的良好习惯。

温馨小贴士

怎样才能让孩子从小做到不比吃、不比穿呢？建议做到以下几点：

1. 不要纵容孩子的攀比心理。英国著名戏剧家莎士比亚有句名言："节俭是穷人的财富、富人的智慧。"父母不要给孩子一切他们想要的东西，要有限度、有原则地满足孩子正当的物质要求，否则容易养成孩子过度以自我为中心的心理。当孩子要求购买一些玩具、衣服或学习用品时，家长不要轻易满足，可以了解孩子想购买该物品的动机；如果孩子的愿望很急切，最好给他几天冷静期，等他确定是自己的需要后，家长再买。

2. 从自身做起，做孩子的榜样。孩子的内心往往还没有确立自己的价值观，很容易受到外部因素的影响，他们学习的主要方式之一是“观察学习”，而他们消费观念的主要来源和生活行为的重要榜样，就是身边的父母、同学以及电视、电影、网络和报刊书籍。因此，家长应从自身做起，不跟他人比吃穿、比奢华。

3. 不要过分疼爱孩子，防止出现攀比惯性。作为父母不要娇惯孩子，否则很容易使孩子养成处处以自我为中心的心理。百依百顺、娇生惯养、姑息迁就很容易造成攀比惯性，不利于孩子心理健康的发展。

习惯43　把用过的东西放回原处

把用过的东西放回原处对孩子来说是困难的，却又是十分必要的。在公共场合用过东西放回原处，表面上看只是方便了别人，其实也是方便了自己。这种良好行为习惯一旦养成，孩子既能约束和规范自己的行为，还能处处想到他人，尊重和关爱他人，培养了孩子一定的社会责任感。

"妈！有没有看见我那件红裙子？"罗莉上气不接下气地冲进客厅，妈妈正在家里做家务。

"我想你昨晚扔地板上了吧。"妈妈平静地回答。罗莉立刻就急了。

"噢，不！我完了！学生团体选举大会上我还要穿哪！"说着就着急地哭了起来。看着14岁的女儿，妈妈无奈地摇了摇头。

罗莉的房间总是乱七八糟的，妈妈已经教育她很多次了，可是，罗莉总是风风火火的，从不注意生活中的这些小细节，也懒得将用过的东西放回原处。这一次，罗莉又遇到了同样的麻烦。

看到着急的罗莉，妈妈又忍不住帮她找了起来。终于在一个沙发的角落里，找到了罗莉要穿的红裙子。

看着妈妈手上的红裙子，罗莉含着眼泪笑了，低声说："妈妈，我知道错了。今后我一定将用完的东西放回原处！"

在生活当中，许多孩子喜欢随手乱扔东西。比如，有的孩子在家把用过的东西到处乱放，下次急着用的时候怎么也找不到。有的孩子经常找不到自己玩过的东西，"忘性"较大。尤其是早晨上学时，找不到红领巾、小黄帽、袜子等，还要全家人一起帮着找。也有的孩子在图书馆看书时，看前耐心寻找，看后随手一放，不管他人寻找是否方便，更不尊重图书管理员的劳动。

如果一个人用完东西后随便乱放，家里就会经常杂乱无章，再次要使用这些东西时，经常是翻箱倒柜，半天都不见踪影，这就使家里更乱七八糟，既浪费了很多时间，还常常为整理收拾这些东西而生闷气，影响身心健康，真是很不值得。

用过东西放回原处，什么东西放在什么地方就会一目了然，有时候取放东西就像本能一样自然，根本不会花费什么时间，这样能帮助孩子节省很多不该浪费的时间，提高生活、学习和工作的效率。在公共场合用过东西放回原处，表面上看只是方便了别人，其实也是方便了自己。

把东西放回原处，是孩子要及早养成的好习惯。这种良好行为习惯一旦养成，孩子既能约束和规范自己的行为，还能处处想到他人，尊重和关爱他人，更能尽早形成社会责任感。

温馨小贴士

怎样才能让孩子把用过的东西放回原处呢？建议做到以下几点：

1. 让孩子明白物归原处的道理。家长可以常常在家里给孩子讲用完东西放回原处的道理，体验物归原处给自己和他人带来的方便，并告诉孩子如果图一时省事，而将用过的东西随处乱扔，不仅会给自己，也会给他人造成麻烦。

2. 让孩子尝试固定摆放物品的位置。很多情况下，孩子因为不知道该怎样做而不愿意整理。告诉孩子选择放置物品的地点应该合理明确，常用的东西要放在容易拿取的地点。比如说，在家里、学校里用过的东西要放回原处；在图书室看书，看过的书要放回原处；在超市购物，要把不打算买的商品、购物车、筐等放回指定处等等。

3. 腾出时间和孩子一起来整理。对于孩子的个人物品和玩具，家长要经常和孩子一起来整理，整理好了，一块儿来欣赏，让孩子感受干净整洁带来的美感。

习惯44 积极做力所能及的家务劳动

引导孩子参加家务劳动不在于孩子干活轻重多少，而在于孩子的参与过程。孩子干的虽是一些在成人眼里微不足道的家务劳动，但对孩子来说却意义重大。孩子在做家务的过程中，不仅可掌握一些简单的家务技能，养成良好的劳动习惯，而且有利于责任心和义务感的培养。

星期天，是戴军一家打扫卫生的日子。正在做作业的戴军看见妈妈正在挥汗如雨地打扫卫生，就连忙放下手中的笔，跑过去帮妈妈做家务。

戴军家打扫卫生一般是擦窗户、扫地和拖地。首先是擦窗户，他先把抹布放进装有水的桶里浸湿，然后找来一张椅子，小心地站在上面擦起玻璃来。只见玻璃上积了一层厚厚的灰尘，他使劲地擦了一遍又一遍，经过戴军的努力，终于把窗户擦干净了。

窗户擦干净后，又要扫地了。戴军找来了一把扫帚，然后低着头、弯着腰，认认真真地扫起来。他仔细地把每个角落扫了一遍又一遍，连一点儿纸屑也不放过。最后他把一大堆垃圾倒进垃圾桶里。这样，整个家就干净多了。

扫完地后，戴军开始检查地板，发现地板上还有一些污垢。于是，他找来拖把，放进水桶里浸湿，然后认真地拖起地来。他对准污垢拖了又拖，终于把污垢拖干净了。污垢是没有了，可是地板却变成了一个“大花脸”，怎么也拖不干净。

这时，他已经非常累了，满头是汗。妈妈见到戴军这个样子，十分心疼，就连忙给他递过来一条毛巾，说：“孩子，你那么辛苦，还是别干了。”戴军听了妈妈的话，真想不干了。但是，他脑海里马上出现妈妈满头大汗做家务的样子。心想：妈妈每天都那么辛苦，自己的这点儿辛苦又算得了什么！想到这里，戴军说："妈妈，我不累。"说着又继续拖起地来，直到把地板拖干净。

虽然戴军已经筋疲力尽了，但能为妈妈做家务，心里还是甜滋滋的。

美国哈佛大学的一些社会学家、行为学家和儿童教育专家，对波士顿地区456名少年儿童所做的长达20年的跟踪调查发现，爱做家务的孩子与不爱做家务的孩子相比，长大后的失业率为1:15，犯罪率为1:10，爱做家务的孩子平均收入要高出20%，此外离异率、心理疾病患病率也较低。这一调查结果证实了家务劳动与孩子成长有着极其密切的关系，而且也证实了是否尊重普通劳动会直接影响孩子的人格发展。

虽然，中国大多数家庭没有像西方一些国家的家庭拥有独栋的房屋、宽大的花园、储物的地下室，更不会像老外一样自己动手装修房屋，所以装饰房屋、饲养动物、修葺花草的家务劳动在中国极为少见。即便这样，还有众多家长因为担心孩子的安全，甚至不知道如何安排孩子参与不多的家务劳动。其实孩子没有家长想象的那样脆弱，他们在日常生活中会细致观察、模仿父母的行为。只要给他们更多的机会尝试一下，第一次不理想，那就再来第二次、第三次……

在孩子不同的年龄阶段可以引导孩子做不同的家务，如：2岁可以整理玩具箱，3岁可以帮爸爸妈妈拿拖鞋，4岁可以洗水果，5岁可以倒垃圾，6岁自己刷牙洗脸，7岁可以帮父母摘菜、洗菜，8岁可以整理床铺和书包，9岁可以浇花、整理房间，10岁可以扫地、擦桌子，11岁可以洗书包和鞋子，12岁可以帮父母煮饭、刷碗，13岁可以包饺子、做简单菜肴，14岁孩子可以做所有的家务。

现在，有的家长只片面地注重孩子学习成绩，自觉不自觉地放松了对孩子的劳动教育，使孩子很少参加劳动，不懂得劳动的艰辛，不愿劳动，不爱劳动，也不会劳动。这种现象的存在，严重影响到孩子的健康成长。现在尤其生活在城市里的大部分孩子，有众多长辈的呵护，加上科技的进步，很少有机会参与家务劳动。

凡是从小就好吃懒做、不爱劳动的人，长大了多不能吃苦，独立自谋能力差，工作成就平平。因此，望子成龙的父母从孩提起就应为孩子创造一种环境和条件，对孩子进行早期劳动训练，让孩子做力所能及的事情，让孩子生成一双勤劳的手，使其终身受益。

温馨小贴士

怎样才能让孩子积极做力所能及的家务劳动呢？建议做到以下几点：

1. 家长要有正确的态度。家长要支持、鼓励孩子参加力所能及的家务劳动，正确认识孩子参加家务劳动不仅是为了减轻成人的劳动，主要是为了养成热爱劳动的习惯，培养责任感、义务感、独立性、自信心等良好品质。家长要放手让孩子去干，让孩子在实践中学会做。当然，成人要给以具体指导、帮助，督促孩子按时把事情做好，千万不可包办代替。

2. 提高孩子做家务的兴趣。孩子年龄小，劳动目的性不强，往往把劳动与游戏相混淆。家长可通过游戏来提高孩子劳动的兴趣。比如，家长可跟孩子比赛谁擦桌子干净；谁洗手帕溅在地上的水少等等。另外，劳动内容要适合孩子的年龄特点，不能太复杂，以自我服务为主；时间也不能太长，否则会使孩子过度疲劳，影响劳动效果，甚至产生厌恶劳动的情绪。

3. 需要家长的耐心指导。孩子虽然热心参与家务，但一开始肯定越帮越忙，比如：洗菜溅得到处都是水、盛饭洒了一桌、洗碗摔坏了几个等等。家长必须容忍这些混乱，并将每件事分解成小步骤来教孩子。

4. 把握做家务的时机。孩子都有强烈的好奇心，看见家长扫地、擦桌子、拖地板，也会依样画葫芦。把握时机训练孩子做简单的家事，耐心地告诉他正确的方法，让他在兴趣中不知不觉学会了做家务。

5. 不要强迫孩子做家务。不要采用强迫的方式，给孩子留一个缓和的过程或一点余地。比如，家长可以说"我可以让你玩 10 分钟，10 分钟一到，你必须立刻去收拾你的书桌"等这样的方式。父母在给孩子分配家务时，一定要注意安全，危险的事情尽量不让孩子做，且在劳动强度和时间上不宜过量和太久，以免让孩子感到厌烦或畏惧家务。

6. 父母给孩子做个好榜样。父母千万不要当着孩子抱怨做家务的繁琐和无聊，这会给孩子传达一个信息——做家务是一件非常可怕的事。父母应尽量让孩子认识到，帮助大人尽快做完这些事就可以留出更多的时间陪孩子一起玩。

7. 做完家务后适时地进行表扬。当孩子认真地做完一件家务事，要及时地给以肯定，最好的方法是让全家人一起欣赏孩子的劳动成果，使他产生自豪感，或亲切的拥抱，夸一声“真能干”。千万不要用金钱或物质刺激的办法。

习惯45 积极参与集体活动

一个人只有在集体中，个性才能获得全面发展。在集体活动中，孩子可以得到多方面的锻炼机会，激发求知欲和拓展知识面。作为家长，应鼓励孩子积极参加集体活动，为集体做一些力所能及的事，让孩子在集体中健康、愉快地成长。

国庆节快到了，陆小山所在的班级，要开展一次集体参观访问活动，了解我国改革开放所取得的巨大成就。经过联系，决定星期五下午，全班去参观改革开放的先进企业——市电器总厂。

星期四下午放学前，班主任石老师布置了参观的事。陆小山心里想："正好，明天下午爸爸出国考察，我可以和妈妈一起到机场去送爸爸了。再说，我家就住在电器总厂宿舍，我就不用参观了。"

放学后，陆小山把自己的想法告诉了老师，向老师请假。

石老师说："我们这次参观访问，是一次有意义的集体活动，你应该积极参加。虽然你家住在电器总厂宿舍，但是厂里的情况你不一定都了解。通过这次参观访问，你会有许多新的收获。"

石老师接着又说："过去我们组织过多种集体活动，大家都能积极参加。你还记得吧，有一次，我们响应绿化祖国的号召，开展采树种、草种活动，我们班李小兰同学腿有病，不能到野外去，她就帮助同学准备工具，从家里带来竹竿等。这是李小兰积极参加集体活动的表现。我们每个人都是集体的一员，是集体的主人，应该热爱集体，积极参加集体活动。"

石老师的话使陆小山很受教育。他说："老师，我懂了。"

星期五下午，陆小山当向导，高兴地与全班同学一起参观了电器总厂。

作为家长，很多人都有这样的感觉，如今的孩子喜欢“独处”，不爱与同学在一起，特别是一些集体活动，常常找一些借口、理由不参加。

还有一部分家长只关心孩子的学习成绩，而学习之外的其他班级活动，就不过问甚至横加指责和干涉，他们担心孩子参与了班级集体活动或是做了一些力所能及的班级工作就会分散精力，影响课业成绩。

事实上，孩子生活、学习在班集体里，是班集体的一员，也是班集体的主人。在这个集体中，有许多性格各异的同学，会发生各种各样的事情，能让孩子学会怎样和人相处。在集体活动中，可以让孩子锻炼胆量与能力，对他们语言表达能力和组织能力的提高也起着积极作用。

不管一个人多么有才能，但是集体常常比他更聪明和更有力。人的发展离不开交往，离不开集体，集体是人全面发展的最有利的环境。一个人总是属于大大小小的集体的，割裂个体与集体的联系，人就像离开水的鱼，不能生存，更谈不上发展。

因此，我们希望家长鼓励孩子积极参加集体活动，为集体做一些力所能及的事，让孩子在集体中健康、愉快地成长。

温馨小贴士

怎样才能让孩子积极参与集体活动呢？建议做到以下几点：

1. 要为孩子创造共同活动、共同体验的环境。可以利用节日游园、郊游踏青、参观游览、走亲访友、演出比赛等机会，鼓励孩子参与社会及学校组织的各种类型的丰富多彩的集体活动，有意识地安排孩子与集体频繁接触，增进孩子对集体活动的认识与了解，提高孩子参与的热情和积极性。

2. 要引导孩子在集体活动中发挥主动性。了解孩子的心理需求，根据他们的能力、爱好、兴趣组织集体活动。发挥同伴间的鼓励作用，允许孩子失败，用掌声等增添孩子的自信。

3. 帮助孩子建立友情，培养合作能力。平时家庭可以开展合作游戏，比如“两人三足”赛跑、下棋等，让孩子懂得有些事要大家合作才能完成好；也可让

孩子自己找朋友，从跟他喜欢的伙伴共同参与逐步过渡到大家共同活动，用同伴的热情与积极性感染孩子，影响带动孩子。

4. 要发挥荣誉的激励作用。孩子在集体活动中的点滴进步和突出表现，家长都要给予肯定，如："毛毛你今天表演真棒！""东东，今天表现得有进步，下次活动肯定更好。"类似这样的鼓励性语言是孩子参加集体活动的无形动力，所以，我们不要放掉任何一个表扬、鼓励的机会。

习惯46 拥有积极乐观的心态

积极乐观的心态，是人类最大的法宝，也是成功者最基本的要素。一个拥有积极乐观心态的人更容易朝着他想要的那个方向发展，获得他想要的结果。家长要通过日复一日的点滴引导，努力培养孩子积极的心态。

在推销员中，广泛流传着这样一个故事：

有两个欧洲人到非洲去推销皮鞋。因为当地天气炎热，非洲人向来都是打赤脚。

第一个推销员看到非洲人都打赤脚，立刻失望起来："这些人都打赤脚，怎么会要我的鞋呢？"于是放弃努力，沮丧地失败而回。

另一个推销员看到非洲人打赤脚，惊喜万分："这些人都没有皮鞋穿，看来这皮鞋市场大得很呢。"于是想方设法，引导非洲人购买皮鞋，最后成功而归。

由于心态不同，同样是在非洲市场，同样是面对打赤脚的非洲人，一个人灰心失望，不战而败；而另一个人则满怀信心，大获全胜。

上面的这个故事说明：面对挫折，不同的人所持的态度不同，最终导致的结果也大相径庭。这个故事启示我们在学习、生活中，一定要以积极的态度对待挫折，把挫折看成是锻炼自己的宝贵机会，是提高个人品格修养的难得磨砺，也是为未来取得成功所做的必不可少的准备。

实际上世间万事万物都存在着两面性，一面是正面的、积极的；一面是负面的、消极的，问题就在于你用怎样的心态去选择、对待它们。积极的心态，就是心灵的健康和营养，而非积极的心态对于孩子而言，影响到他们的学习兴趣、学习动因；影响到他们智力的发展；影响到他们人格健康的发展。

一个人能否成功，心态非常重要。积极的心态鼓励着他，支持着他，使他能够想方设法克服困难，创造条件，从而不断前进，直至成功。因此，培养孩子的积极心态是事关孩子一生成才和幸福的大事。

功学大师拿破仑·希尔说：**“积极的心态就是心灵的健康和营养。这样的心灵能吸引财富、成功、快乐和身体的健康。”**

乐观是保持健康的秘诀，悲伤和愤怒会很快损害健康。积极的心态对每个孩子来说都非常重要。任何事物都有积极的一面和消极的一面，问题就在于孩子用怎样的心态去选择、对待它们。如果孩子是积极的，他看到的就是乐观、进步的一面，他的生活、学习、人际关系及周围的一切就都是成功向上的；如果孩子是消极的，他看到的就是悲观、失望、灰暗的一面，他的生活自然也就快乐不起来。

身教重于言传。帮助孩子成为快乐的人，最好的办法之一就是父母自己生活得快乐。快乐的父母要将快乐的事讲给孩子听，这不仅使孩子明白快乐是我们追求的目标，而且会使孩子知道如何去制造和珍惜快乐。

民间有句谚语：**“积极的心态像太阳，照到哪里哪里亮；消极的心态像月亮，初一十五不一样。”**积极乐观心态的养成不是一天两天的事。孩子的成长总是要遇到各种各样的挫折，如果受到长时间的不断打击，肯定会使孩子变得消极。我们家长不可能改变大环境，只有通过日复一日的点滴引导，适时的鼓励和乐观态度的传递，才会使孩子拥有积极的心态。

温馨小贴士

怎样培养孩子积极的心态呢？建议家长们做到以下几点：

1. 父母首先要保持乐观的心态。父母在处理自身问题和家庭问题时的乐观态度，能对孩子起到一定的影响和示范作用，孩子通过观察和模仿父母的行为，也能逐渐养成乐观的心态。因此，如果父母能以身作则，在面对困难和挫折时保持积极、乐观的精神状态，那么孩子也会受到父母的影响，积极乐观地去面对任何困难。

2. 在日常生活中，父母应该多向孩子灌输一些乐观主义的知识。让孩子明白，令人快乐的事情才是永久的、普遍的，而那些令人不愉快的事情，都只是暂时的，只要乐观地对待，生活仍然是十分美好的。久而久之，孩子在面对任何问题时，都能够保持乐观积极的心态。

3. 寻找孩子身上最好的东西。不断地发掘出孩子身上优秀的东西，给孩子创造一个积极的环境，这会使他们对自己有良好的感觉，增强他们的自信心，从而把事情努力做到最好。

4. 允许孩子表达悲伤的情绪。孩子在遭遇挫折时，往往会表现出悲伤情绪。这时候，父母应该允许孩子自由地表现悲伤。孩子在哭泣的时候，如果父母要求孩子停止哭泣，不能表现出软弱，孩子就会把心中的悲伤积聚起来，久而久之，反而会造成孩子的消极心理，不利于乐观心态的培养。

5. 让孩子积极参加各种活动。参加活动的过程也是孩子与他人接触的过程，与他人相处融洽有助于培养孩子快乐的性格。

 习惯47　说了就要努力做

言而有信，是一个人的立身之本。一个人如果经常说话不算数，就会成为一个不受大家欢迎的人。父母要教育孩子，无论什么事情，说了就应该努力去做，要从小养成诚实守信、说了就努力做到的好习惯。

11岁的小华在学校各方面的表现都不错，但他在同学中的人缘却不太好。

当老师在课上要求同学们自由组合完成某些课堂练习时，常常没有人愿意和他合作。

经过认真地了解，老师明白了其中的原因。

原来小华有一个很不好的习惯：说话不算数。比如，他有一套新的漫画书，在学校他就会兴奋地告诉大家并讲述这套书是如何如何好，有的同学就问是否可以借来看一看，小华很爽快地就答应了。但回家以后，他越想越觉得舍不得，怕同学们把书看旧了，就不想外借了。同学们一问他漫画书的事，他就找理由不借，慢慢大家也就不找他借了。

类似的事情还有很多，他都是开始答应的很好，过后又后悔。大家知道他有这个习惯后，就对他有些疏远了。

通过这个例子，我们可以看出：一个人如果经常说话不算数，就有可能成为一个不受大家欢迎的人。

"说了就要努力做"，这是对一个人诚信的基本要求。如果我们能做到，就要负责任地说"Yes"，并且尽自己最大的努力。

没有诚信，何来尊严？如果一个人答应别人去做某件事情，却一直没有动静，对方肯定会不高兴。如果一个人总是言而无信，有谁还愿意继续和他交

往呢？

言而有信，是一个人的立身之本。无论是大事还是小事，只要说了，就一定要努力去做。这关系到一个人的诚信。一个人要形成好的人格，受到众人的爱戴和欢迎，再也没有比诚信更重要的了。

因此，孩子从小就要养成诚实守信、说了就努力做到的好习惯。

温馨小贴士

在平时的生活中我们该如何让孩子做到守信用呢？建议家长们做到以下几点：

1. 答应别人要量力而行。如果要别人诚信，首先自己要诚信。教育孩子在答应别人的要求之前认真想一想，看看自己是否有能力、是否愿意满足对方的要求。如果认为自己的条件还不具备，就不要轻易答应对方。

2. 答应了就要努力做。凡是孩子自己已经答应做的事情，就要努力去做，即使会遇到困难，那也不要轻易放弃。就算是一件很小的事情，也要认真去做，不能认为小事情忽略了没关系。

3. 不找借口。如果已经答应了的事情确实难以完成，也不要找种种借口加以推脱。应该向对方说明缘由，用诚挚的态度向对方表示歉意，在今后尽量避免类似的情况出现。

习惯48　不说谎话

不说谎、讲真话，是每一个人必须具备的良好品德。当孩子说谎时，父母不应用非常严厉的手段惩罚孩子，而是应该循循诱导让孩子说出真话并问其为什么要说谎，找出孩子说谎的原因。同时父母自身也应做到言出必行，给孩子树立良好的榜样让孩子不说谎话。

从前有个国王，年纪很大了，眼睛花了，耳朵也有点聋了，走起路来跌跌撞撞。

国王想："我快要死了，我死了以后，让谁来当国王呢？"

有一天，国王告诉全国的老百姓，他要挑一个孩子将来当国王。怎么个挑法呢？他给各地挑选的孩子每人发了一粒花籽，并说谁能拿这粒花籽种出最美丽的花来，就让谁将来当国王。

有个孩子叫宋金，他领了一粒花籽回家去，把它种在一个花盆里，天天浇水，他多么希望那粒花籽长出芽，抽出枝，开出最美丽的花儿来啊！

可是，日子一天一天地过去了，花盆里什么也没长出来。宋金多着急啊！他换了一个花盆，又换了一些土，把那粒花籽再次种上，可是两个月过去了，到了大家送花去比赛的日子，宋金的花盆里还是空空的，连一片叶子也没有。

这一天，各地的孩子，一齐来到王宫里。他们每个人都捧着一盆花，有红的，有黄的，有白的，都是那么绚丽多姿，光彩夺目，让人真的难以说出哪一朵是最美的。

国王出来看花了，他从孩子们的面前走过去，孩子们手里捧的花多美丽啊，可是国王一直皱着眉头，一句话也不说。他走呀走呀，忽然看见一个孩子手里捧着一个空花盆。瞧，那个孩子低着头，心里难过极了，人家都种出了美丽的花儿，可他呢，什么也没种出来。他是谁呀？他就是宋金。

国王走到宋金面前，问他："孩子，你怎么捧着一个空花盆呀？"

宋金哭起来了，他说："我把花籽种在花盆里，用心浇水，可是花籽怎么也不发芽，我，我，我只好捧着空花盆来了。"

国王听完宋金说的话，高兴得笑起来了，他说："找到了，找到了，我要找一个诚实的孩子当国王。你是诚实的孩子，我让你做将来的国王。"

原来国王发给大家的花籽是在锅里煮过的，怎么会发芽、抽枝、开花呢？宋金种不出花来，别的孩子也种不出花来。那些美丽的花朵都是换了好的花籽才种出来的，宋金可没有这样做，因为他是诚实的孩子。

诚实是最美丽的花。其实上面故事中的国王想看的不是哪个孩子种的花最漂亮，而是哪个孩子最诚实。要知道诚实是一个人最重要的品质，不管他是国王，还是一个普通的孩子。

孩子爱说谎话，是令大多数父母非常生气的问题，一个孩子的言行举止代表着一个家庭的家教。很多父母都对自己的孩子期望很高，不想让他们在别人面前露出自己不好的一面，但孩子说谎这个问题却着实让父母尴尬。

实际上说谎绝不是偶然说说的，必定是养成了一种说谎的习惯，而这种说谎的习惯大多数又是从小养成了的。要使小孩子不说谎，必须先了解小孩子说谎的原因。小孩子为什么要说谎呢？

● **小孩子怕父母或教师的责罚：**有些做父母的，每逢小孩子做错了一件事，便要骂小孩子或打小孩子。孩子怕骂怕打，便用说谎来掩饰自己的过错，这种掩饰得到父母或教师的宽恕，于是第二次第三次做错事时，便再说谎来求得宽恕了。

● **逃避现实：**有时小孩子不愿意做或不能做某事时，便叫"头疼呀"，"肚子疼呀"，用各种谎言去欺骗父母或教师，这种谎言又往往得到父母或教师的同情，因此以后便也常说谎去推诿了。

● **好虚名，要面子：**一件事本来不是他做好的，但说是他做的，可以得到奖赏，面子光彩，于是他说谎了；事本来是他做的，但做得不好，怕丢脸，于是他说那件事不是他做的，也说谎了。

● **贪利**：很多小孩子为了口馋，要吃东西，便说说谎，又有些小孩子为了要得到很高的分数或奖品，便在考试时作弊还硬说自己的本领高人一等。这都是为了贪利的缘故。

孩子们说假话的动机虽然各种各样，但根本的原因是自私自利之心在作怪。说假话的危害是很大的。

温馨小贴士

怎样才能抵制孩子说谎，并教育他们说真话呢？建议家长们做到以下几点：

1. **以身作则，言行一致。**爱说谎的孩子大多与家长平时说话不算数，对孩子的承诺不能兑现有很大的关系。所以，要想孩子诚实守信不说谎，父母就要以身作则，言行一致。注意自己生活中的一言一行、一举一动，为孩子做个榜样，做个表率。

2. **尊重孩子，尊重规律。**孩子的成长是一个过程，在这个过程中会遇到很多意想不到的问题。当问题发生以后，要尊重客观规律，不要把自己的主观判断强加给孩子。要多听听孩子的心声，尊重孩子在成长的过程中出现的失误和不足。如果父母发现孩子说了谎，不要立即在其他人面前指责或教训他，最好是另找一个合适的时间单独与孩子谈。

3. **启发引导，小事做起。**“不以善小而不为，不以恶小而为之。”引导孩子从小事做起，培养孩子辨别是非的能力，让孩子参与家庭中力所能及的事情，多给孩子锻炼的机会，让孩子在做事情的过程中提高辨别是非的能力。

4. **了解孩子，信任孩子。**父母一定要做到懂孩子，观其心，知其行。多和孩子在一起共同探讨和交流，只有这样才能够了解孩子心里在想什么，也只有了解孩子的想法了，才能做到无条件地信任孩子。

5. **及时发现，明确态度。**百密仍有一疏，当发现孩子有说谎行为的时候，父母一定要掌握好处理的分寸，不要妄下结论，不要强迫孩子坦白、承认。了解事实真相，动之以情，晓之以理，要让孩子明白说谎是不良的习惯。

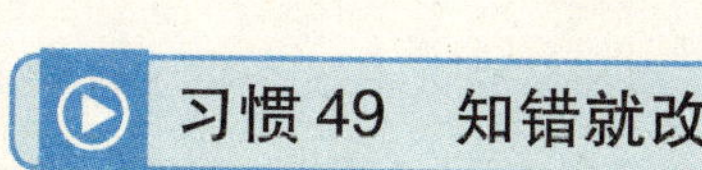

习惯49　知错就改

培养孩子知错就改，不是一件容易的事。孩子犯了错误并不可怕，关键是我们做家长的，要找出孩子犯错或者不愿改的原因，然后对症下药，教育孩子正确地面对错误，逐渐学会知错就改。

一天，浩浩玩溜溜球的时候，不小心撞翻了妈妈的化妆瓶。这已经不是第一次了。只听见"当啷——"一声，化妆瓶掉到了地上，摔碎了。妈妈在厨房听到了声音，着急地问浩浩是不是砸碎东西了。浩浩说没有。

可是，等妈妈忙完厨房里的事，一走到房间里就看见了地上打碎的化妆瓶。这时，浩浩还像个没事儿人一样在旁边玩着溜溜球。妈妈知道，一定又是浩浩干的"好事"。于是妈妈就问他："是不是你打碎的？"浩浩随口说："不是的。"妈妈连着问了好几遍，浩浩都不承认。"妈妈不打你，你说是不是你打碎的？"浩浩还是不承认。这时妈妈更生气了，抓着浩浩的手，说："你今天不说清楚，就别做其他事了。"浩浩一脸委屈。

僵持了一阵子，浩浩还是不说话，妈妈也没有办法了，只能说："以后再打碎东西，就不让你玩了！知道了吗？"在妈妈声色俱厉的斥责下，浩浩才点点头，说了句"知道了"。

这样的情景是不是有时也发生在你的家里？你的孩子是不是也会像浩浩那样不肯认错？纵使你气急败坏，孩子还是不肯吱一声。千万不要以为不肯认错的孩子就不是好孩子了。

为什么孩子不认错？究其原因，不外乎有这么四点：一是没有认识到自己的错误，不知道改正；二是害怕承认错误，担心受到惩罚；三是脾气犟，不服软；四是喜欢为自己的错误找借口，推卸责任。

英国著名戏剧家莎士比亚有句名言："知错就改，永远是不嫌迟的。"其实，培养孩子知错就改，不是一件容易的事。孩子犯了错误并不可怕，关键是我们做家长的，要找出孩子犯错或者是不愿改的原因，然后对症下药，教育孩子正确地面对错误，逐渐学会知错就改。

有的时候，孩子口头上认不认错并不是最重要的，他心里明白自己做错了就可以了。因此，当孩子犯错时，不一定硬要他口头认错，只要他今后在行为上不再犯同样的错误，也一样可以达到我们的教育目的。

在孩子的成长过程中，家长的言传身教是很重要的。为孩子树立一个对自己的言行负责、知错能改的形象，增加孩子对父母的敬重，又在潜移默化中培养了孩子正直无私的品德。

温馨小贴士

如何让孩子做到知错就改呢？建议做到以下几点：

1. 让孩子学会认错。孩子没有学会道歉，可能是因为不懂得是非概念，不知道生活中什么是对的，什么是错的，为什么是错的，更不知道自己应该怎样改正错误。因此，家长切不可对孩子动辄责备，应耐心地告诉孩子为什么错了，错在哪里。

2. 孩子犯错要及时纠正。当孩子做错事时，家长应及时地给予教育并纠正，让孩子知道错误不是不可挽救的，只要改好了，就可以得到原谅。

3. 家长应学会向孩子认错。传统的家庭观念认为家长向孩子道歉，会丧失自己的威严，所以，不少家长为了维护作为成年人的"面子"，即使做错了也坚持不向孩子认错，这种做法是十分不可取的。

习惯50　做事不拖拉

做事不拖拉，就是要求孩子学会有计划、合理地安排时间，并且做事时要专心，一心一意。无论在学校还是家里，都要让孩子做到学习时认认真真地学，娱乐时痛痛快快地玩，今天的事情不能留到明天做，从小养成做事不拖拉的好习惯。

鹏鹏什么都好，可就有一个缺点，做事拖拖拉拉，常常把今天能做完的事拖到明天再做。

“六一”儿童节快到了，老师请同学们用两天的时间，每人画一幅画，再准备一个自己喜欢的故事讲给大家听。

回到家，鹏鹏悠闲地看起了电视，妈妈在一旁着急地催鹏鹏：“快别看电视了，赶紧画画吧，或者快准备准备给小朋友们讲的故事。”鹏鹏满不在乎地说：“时间有的是，今天画不完，不是还有明天吗？”

到了第二天，鹏鹏又忙着看动画片了，直到晚上睡觉，鹏鹏才想起画还没画呢，故事也没有准备，“管他呢，明天再说。”

第二天一早，鹏鹏匆匆忙忙地开始画画，可怎么也画不好，心里乱糟糟的，故事也想不起要讲什么了。

老师让小朋友们展示自己的“作品”，轮到鹏鹏，他只拿出一幅涂得乱七八糟的画，讲故事时，更是结结巴巴地连不成句，鹏鹏真后悔自己没抓紧时间做好准备。

在生活中，我们经常看到有的孩子做什么事都很慢，根本没有时间概念，起床慢慢悠悠，写作业磨磨蹭蹭……这样的孩子怎能不让人着急？

拖拉可以说是人类的一大天敌。每个人都会有拖拉的毛病，这直接影响

了一个人的办事效率以及他的个人形象。

许多父母常为孩子做事拖拉磨蹭而头疼。从心理发展的角度看，磨蹭不是一种好的行为方式，它不利于提高孩子的学习效率，不利于培养孩子的快速反应能力和思维敏捷性，往往会使孩子在激烈的学习竞争中处于不利位置，以后也很难适应快节奏的现代社会。

孩子为什么磨蹭？

- 一是因为孩子兴趣低落，硬着头皮应付，疲沓无奈，能拖就拖，缺乏自信，缺少责任感。

- 二是因为孩子是个“慢性子”，行动迟缓，慢条斯理，紧张不起来，任你着急催促，依然故我。

- 三是因为有的孩子时间观念较弱，做事缺乏紧迫感；有的孩子全部依赖父母催促，自己根本不上心。

- 四是因为家庭成员的不良行为习惯影响，例如有的家长平时喜欢边吃饭边看电视，有的家长自己就喜欢赖床不起，这些行为潜移默化地影响着孩子。

其实孩子的磨蹭通常事出有因，如果父母只是一味地催促埋怨孩子，不仅不能帮助孩子改正这种缺点，还会令孩子习以为常而失去效力。针对孩子磨蹭的现象应对症下药，才能从根本上解决问题。

因此，我们家长发现孩子有拖拉的毛病，就要及时地对其进行教育，委婉地告诉他做事要雷厉风行，今天的事一定要今天完成等。好的习惯一旦养成，会使孩子变得有责任心，做事有始有终，对孩子的学习及今后的成长极为重要。

温馨小贴士

怎样才能让孩子做事不拖拉呢？建议家长们做到以下几点：

1. 家长首先要做出好榜样。家长首先要做到做事不拖拉，当天的事情当天处理，而不是只斥责孩子学习拖拉、不主动、贪玩等。

2. 让孩子为拖拉承担责任。家长在有些事情上可以让孩子承受拖拉造成的后果，许多孩子只有亲身体会到拖拉造成的后果才能吸取教训。

3. 安排任务时要具体到位。要少问孩子可以用“是”或“不”回答的问题，除非你愿意接受“不”这个回答。给孩子选择的机会是分享权力的一个办法，比如问孩子“你5分钟后去做还是10分钟后去做”。

4. 父母首先要说到做到。如果你是认真的，要坚持到底。你提出要求，孩子却说“等等”时，告诉孩子：“这不在选择范围内。现在就要去做，做好了叫我，我要检查。”然后等孩子行动。

习惯51　自己的事情自己做

给孩子一份责任，让孩子去成长，孩子的天空要靠自己的翅膀去飞翔。孩子的独立性是在实践中逐步培养起来的。如果从小让孩子学会自己的事情自己做，自己的东西自己管，自己的生活自己安排，不仅能提高孩子的自理能力，还能培养孩子的责任心。

长大了，我们自己的事情可以自己做。

以前，我们早上总让妈妈帮我们穿好袜子、穿好衣服、佩戴好红领巾等等，现在，我们可以自己来做这些事情。早上，如果妈妈帮我穿衣服、袜子，我就会跟妈妈说："妈妈，我长大了，自己的事情可以自己完成！"如果奶奶送我上学时要帮我背书包，我会跟奶奶说："奶奶，我长大了，自己的事情可以自己完成，您不用操心！"如果吃饭时我饭不够了，爸爸要帮我加饭，我会对爸爸说："爸爸，我长大了，自己的事情可以自己完成，不需要再依赖你们了！"

房间乱了，我不要爸爸妈妈帮我整理，我自己会整理，把文具通通理一遍，整整齐齐的放进文具柜，把袜子、衣服、裤子、睡衣整齐地叠好，分类放进衣柜、抽屉里。以前都是爸爸帮我的房间擦地、妈妈帮我擦桌子的，现在，我长大了，自己可以做得到，拿来抹布，仔仔细细的擦桌子，用拖把细致的把地板擦干净。

以前，我们都懒洋洋的，让爸爸妈妈爷爷奶奶们干这干那的，现在，自己做过了爸爸妈妈为我们做过的事情，觉得那些事情真的好简单，本来是不用爸爸妈妈们为我们做的。

现在的孩子大多是独生子女，是长辈的掌上明珠，在家中任何事长辈都包揽了，于是孩子们缺少了锻炼和责任感，养成了娇气、懒惰的坏习惯。

在发达国家的家庭里，家长普遍都重视从小培养孩子的自理能力和自强精神。之所以如此，是因为发达的市场经济社会要求人们必须具备这种能力和精神。

在美国，家庭教育是以培养孩子富有开拓精神、能够成为一个自食其力的人为出发点的。家长从孩子小时候就让他们认识劳动的价值，让孩子自己动手修理、装配自行车，到外边参加劳动。即使是富家子弟，也要自谋生路。美国的中学生有句口号："要花钱自己挣！"很多的孩子分担着家里的割草、粉刷房屋、简单木工修理等活计。此外，还要外出当杂工，出卖体力，如夏天替人推割草机、冬天帮人铲雪、秋天帮人扫落叶等。

在日本，孩子很小的时候就给他们灌输一种思想——"不给别人添麻烦"，并在日常生活中注意培养孩子的自理能力和自立精神。全家人外出旅行，不论多么小的孩子，都要无一例外地背一个小背包。要问为什么？家长说："这是他们自己的东西，应该自己来背。"上学以后，许多学生都要在课余时间，在外边参加劳动挣钱。大学生中勤工俭学的非常普遍，就连有钱人家的子弟也不例外。他们靠在饭店端盘子、洗碗，在商店售货，照顾老人，做家庭教师等挣自己的学费。

50年前，我国著名儿童教育家陈鹤琴先生曾针对家长对孩子照料过度的现象说了这样一句话："做母亲的最好只有一只手。"当孩子还不能完全生活自理的时候，家长给予照料，是家长的责任和义务。但做父母的应当明白，照料孩子的目的，不仅仅是为了使孩子生活得舒适、幸福，更重要的是在照料过程中教孩子逐步学会生活自理，进而掌握自立的能力。如果做家长的把孩子的事情都包办代替，不让孩子自己动手、动脑，就等于把孩子的手脚、思想都束缚了起来。孩子将什么都不会做，将来等孩子长大，离开家庭、家长，进入社会，独立生活，就会缺乏自理的能力，这不仅会给他们的生活带来诸多不便，还会影响到他们的学习或工作，甚至有可能因为没有自理能力而断送了锦绣前程。

为了孩子未来能够更好地学习、工作、生活，为了孩子能够成为祖国的栋梁，为了孩子有个更美好的明天，从小给孩子一双灵巧的小手吧，让孩子自己的事情自己做！

温馨小贴士

怎样才能让孩子养成自己的事情自己做的好习惯呢？建议家长们做到以下几点：

1. 要引导孩子形成自己的事情自己做的意识。家长要充分认识到从小培养孩子自理、自立能力的重要性，让孩子及早学会独立，切不可等到孩子长大后再去后悔。同时，家长要尊重孩子，要把孩子当作一个独立的人来看，不要借口孩子小、能力弱，任何事情都包办代替。

2. 给孩子提供独立锻炼的机会。自己的事情自己做，就是让孩子自己对自己负责，给孩子一份责任。在生活中，家长要有意识地锻炼孩子对日常生活的处理能力，使他的自理能力逐步提高。

3. 让孩子多参加集体活动和家务劳动。可组织孩子开展自我服务、为集体服务的劳动等，在这些活动中，孩子行为的坚持性，克服困难的能力、耐心等品质可以得到培养。久而久之，可磨炼出较强的意志，养成独立的性格。适当让孩子参与家务劳动，承担一部分家庭责任，对孩子的事情不要包办代替。这可以从很多小事做起，如让孩子自己收拾书包、整理房间等。

习惯52 坚持做好每件事

把每一件简单的事做好就是不简单，把每一件平凡的事坚持做好就是不平凡。事情再多，也要一件事一件事地做，不可半途而废，也不可一心二用。从某种意义上说，只有把每个环节做到最好，做到极致，才能保证做好一件事情。

一个意大利人到美国找工作，来到一家餐厅，干起了洗厕所的工作。

这个意大利人兢兢业业，把厕所洗得发亮。每个人进了厕所之后，都感觉清洁舒爽。从那以后这家餐厅的生意兴隆，大家都传扬说这家餐厅最卫生。

老板听说了以后，就亲自到厕所里参观。他让人把那个意大利人叫过来，问："这厕所是你洗的吗？怎么洗得这么干净？"

意大利人回答："老板，本人洗厕所水平有限，请多多指教！"意大利人的谦虚把老板吓了一跳，然后老板马上把经理辞退了。

经理很纳闷，老板回答说："他连厕所都洗得这么干净，如果让他管理整个餐厅，会不会比你更好？"

从此，意大利人被老板破格提拔为经理，餐厅生意比以前更加火爆了。

意大利人为什么被老板破格提拔为经理？原因很简单，就在于他坚持做好洗厕所这件事。

生活中有些孩子由于受年龄和认知因素的影响，做事具有很大的随意性，不能明确做事的目的，因此不具备坚持做完每件事的持久动力。

古人云："不积跬步，无以至千里；不积小流，无以成江河。"**任何惊天动地的伟业都是由细节构成的，平凡的细节编织出了一个个伟大故事。**

成大事不在于力量的大小，而在于能坚持多久。对孩子来说，坚持做好一件事，就是不简单。要想成功，重要的不是做多少惊天动地的大事，而是坚持把身边小事做好，做到极致。特别是要拥有积极的心态，踏踏实实地做好每件事情，在平时上好每一节课，做好每一次作业，做好每一节体操，走好每一步路，坚持努力，永不放弃。

在孩子做事的过程中，需要家长对孩子进行鼓励和引导，经常提醒孩子按照自己最初的目标把事情做完。需要注意的是，家长不能打击孩子做事的积极性，不要因为孩子的想法幼稚就嘲笑和否定，只要孩子想做，就要支持孩子把事情做完。

从某种意义上说，成功就是简单的事情重复做，当我们把一件看起来很小的事情做到好得不能再好的时候，我们就成功了。

温馨小贴士

怎样才能让孩子坚持做好每件事呢？建议做到以下几点：

1. 向孩子讲明道理。随时向孩子渗透坚持到底的做事原则，并用事实向孩子证明如果不能把事情做好，之前所做的努力也是白费的。

2. 及时表扬鼓励。如果孩子能集中注意力把一件事做好，家长要及时给予表扬，鼓励孩子以后做事要有始有终，让坚持到底成为孩子的习惯。

3. 以身作则，给孩子做好表率。家长平时做事要有始有终，力争完美，使孩子从父母的行动中受到启发和教育。

4. 帮助孩子战胜困难和挫折。遭遇困难和挫折是孩子做事中断的一个主要原因，家长要适时给予鼓励和帮助，使孩子坚持到底。

习惯53 先做重要的事情

重要的事情首先做，这既是科学安排时间、合理使用时间的方法，也是一种自我管理的原则，它是一个人取得成功的关键。只有让孩子在生活中学会自己管理自己，把每天最重要的事情放在第一位，才能使孩子走向辉煌的人生。

一天，一位教授在桌子上放了一个装水的罐子。然后，又从桌子下面拿出一些正好可以从罐口放进罐子里的鹅卵石。当教授把石块放完后，问他的学生："你们说这罐子是不是满的？"

"是，"所有的学生异口同声地回答说。"真的吗？"教授笑着问。

然后，教授又从桌底下拿出一袋碎石子，把碎石子从罐口倒下去，摇一摇，再加一些，再问学生："你们说，这罐子现在是不是满的？"

这回他的学生不敢回答得太快。

最后，班上有位学生怯生生地细声回答道："也许没满。"

"很好！"教授说完后，又从桌下拿出一袋沙子，慢慢地倒进罐子里。

倒完后，于是再问班上的学生："现在你们再告诉我，这个罐子是满的呢？还是没满？"

"没有满。"全班同学这下学乖了，大家很有信心地回答说。

"好极了！"教授再一次称赞这些学生们。

称赞完了后，教授从桌底下拿出一大瓶水，把水倒在看起来已经被鹅卵石、小碎石、沙子填满了的罐子。

从上面这个故事，我们可以认识到：如果你不先将大的"鹅卵石"放进罐子里去，你也许以后永远没机会把它们再放进去了，这说明了**"要事第一，把最重**

要的事情首先做好”的重要性。

我们发现有些孩子经常抱怨时间不够用，究其原因是因为他们不会管理自己的时间。他们往往把“紧急事”当作“重要事”来做。比如老师留了作业，回家后，不去复习老师所讲的内容，而是忙着去做作业，结果花了很长时间。其实，如果孩子先做重要的事情，把老师课堂上所讲的内容复习一遍，然后再去做作业，会大大缩短做作业的时间，因而学习效率就提高了。

要想管理好自己的时间，必须先弄清楚什么事是必须做的。这是时间管理的第一个关键问题。时间管理的错误做法基本上都可以归结为，把时间花在那些不是必须做的事情或不重要的事情之上。因此，需要孩子先找出最重要的一件事，然后去做，这就是，“重要的事先做”。要事第一，把最重要的事情首先做好。要帮助孩子学会科学地管理时间，养成先做最重要的事的好习惯。

请记住：**要事第一，学会自己管理自己，把每天最重要的事情放在第一位，这样才能使自己走向辉煌的人生。**

温馨小贴士

在生活中，怎样才能让孩子做到要事第一，把重要的事情首先做好呢？建议做到以下几点：

1. **学会处理轻重缓急。**手边的事情并不一定是最重要的事情。做事情得要分清楚轻重缓急，要敢于舍弃一些细枝末节的小事。家长要让孩子明白现在最重要的事情是什么，并不一定手边的事情就是最重要的事情。

2. **列出事情单子。**让孩子每天晚上写出他第二天必须要做的事情，然后再按照事情的重要性列出一个表格，所涉及的内容和范围由自己确定。

3. **按顺序做事。**根据记事本上的表格，先做最重要的事情，不必去顾及其他事情。等第一件事做完后，再做第二件，依此类推。

4. **晚上进行检查。**到了晚上，家长要检查孩子列出的事情是否做完。如果他已经把最重要的事情都做完了，那就没有关系，剩下的事情明天再做也可以。

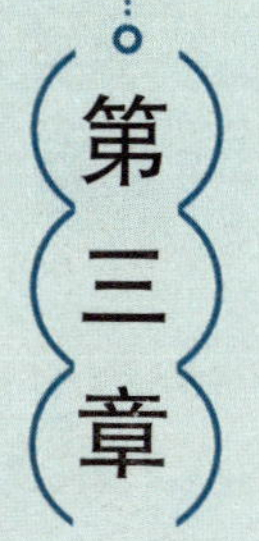

卫生好习惯，撑起健康保护伞

卫生习惯看起来是一件微不足道的小事，却往往反映出一个人的精神面貌和生活情趣。良好的卫生习惯是保证孩子身体健康的必要条件。养成良好的卫生习惯不仅有益孩子身心的健康成长，更可减少一些疾病的发生，对孩子的智能发展也有着极其重要的意义。

习惯54 早晚刷牙，饭后漱口

孩子在生长发育时期，牙齿的好坏会影响全身健康。如果没有养成早晚刷牙、饭后漱口的好习惯，会产生龋齿，影响正常的吃饭和睡觉。家长要教给孩子正确的刷牙方法，让孩子从小养成早晚刷牙、饭后漱口的好习惯。

小林和李强在一个班级读书，家住在同一幢楼的同一个单元里，他俩一块儿上学，一块儿放学，成了形影不离的好朋友。两个孩子的父母看着他们两个如同亲兄弟一般，也都非常高兴。

一天放学回到家，小林非常不高兴，一进门就把书包扔在了沙发上，黑着脸不说话。小林妈妈忙跑过来问："小林，今天放学怎么不高兴啊！谁欺负你了？"

小林看着妈妈关切的眼神，眼圈一下子红了，眼泪顺着脸颊流了下来。妈妈用手帕给小林擦去泪水，又问了一遍。小林才边哭边说："今天下午课间休息的时候，我和李强在做游戏，可李强突然被几个同学拉到一边去了，他们凑在一起嘀咕，还不时看我几眼。我也没在意就上课了，可放了学，李强就不再跟我一块儿回家了，平常玩得好的几个同学也都不理我了，我是自己回家的。"

小林一口气说完，竟然"呜呜"地哭了起来。小林的妈妈感到事情重大，平时都好好的，今天怎么会这样呢？该不会是小林做了什么错事吧？于是，小林妈妈来到李强家打听情况。

李强把事情详细告诉了小林的妈妈。原来，小林平时不喜欢刷牙，饭后也不知道漱口，牙齿黄黄的，有时跟小朋友凑在一起说话，嘴巴里还会发出熏人的气味，同学们说，小林不讲卫生，不跟他玩儿了！小林妈妈听了以后，知道了事情的原委，也想起了小林的坏习惯，他从来不刷牙，一张嘴就会露出满嘴的黄牙。看来，正好通过这件事情教育他养成好的卫生习惯。

小林的妈妈回家把原因告诉了小林后，小林才恍然大悟，拿起妈妈早就为他准备好的牙具，跑到卫生间刷牙去了。

口腔健康被世界卫生组织列为人体健康的十大标准之一。从 1989 年开始，我国将每年的 9 月 20 日确定为“全国爱牙日”。

刷牙是人们自我清除菌斑，预防牙周病发生、发展和复发的最主要手段。每个孩子都希望自己有一口洁白整齐的牙齿，可是，如果没有养成早晚刷牙、饭后漱口的好习惯，口腔里残留的食物就会在微生物作用下腐蚀牙齿，产生龋齿，如不及时治疗，可能引发牙髓炎，影响正常的吃饭和睡觉。

可是有很多孩子不喜欢刷牙，这让很多父母为之头疼，那么孩子为什么不喜欢刷牙呢？这是因为：

●孩子对刷牙有恐惧心理。

●孩子对刷牙的重要性认识不够。

●孩子没养成刷牙的习惯。

家长要教育孩子从小养成早晚刷牙、饭后漱口的好习惯。然而，很多家长只注意让孩子早上刷牙，忽视了晚上刷牙。

实际上晚上刷牙比早上刷牙更重要。因人入睡后口腔内处于静止状态，唾液分泌减少，缺乏冲刷作用，食物残渣滞留在口腔中，致病微生物大量生长繁殖。睡前刷牙，可将食物残渣和细菌刷去，使口腔较长时间处于清洁状态，对于预防龋齿、牙周病很有必要。

刷牙是保持口腔卫生的主要方法，应教育孩子掌握。**正确的刷牙方式即竖式刷牙法，也就是顺牙齿的长轴刷牙缝，像平时刷梳子样。刷牙时，将牙刷毛端横放在牙面上，将刷毛顺着牙龈稍压一下，然后转动牙刷柄，上牙从上往下刷，下牙从下往上刷，反复进行，约 3 分钟。**

家长千万要注意纠正孩子左右横着刷牙的习惯。因为横刷不但刷不干净牙齿，还特别容易磨损牙齿和牙床，破坏牙齿表面的保护层——牙釉，对日后孩子能否长一副健康而美观的牙齿有着极大的影响。

饭后3分钟是漱口、刷牙的最佳时间。因为这时，口腔的细菌开始分解食物残渣，其产生的酸性物质易腐蚀、溶解牙釉质，使牙齿受到损害。漱口时，要教会孩子将水含在口里，闭口，然后鼓到两腮，使漱口液与牙齿、牙龈及黏膜表面充分接触，并利用回转的水力反复地冲击口腔各部位，使牙齿的窝沟裂隙、牙龈沟和龈颊沟等处的食物残屑和菌斑得以清除。

健康是人生第一财富。教会孩子正确地刷牙是一件耐心、细致的工作，也是家长的责任。做家长的必须言传身教，与孩子一起养成刷牙后不再吃零食的习惯。教会孩子刷牙，将使其终身受益。

温馨小贴士

怎样才能让孩子养成早晚刷牙和饭后漱口的习惯呢？建议做到以下几点：

1. **明确的态度。**把家长对刷牙的态度明确地传递给孩子，让孩子感受到家长的重视。

2. **耐心督促，鼓励坚持。**一个好习惯的养成不可能一蹴而就，要耐心提醒和鼓励孩子，这样才能逐步坚持下去。

3. **正确示范。**每天早晚正确示范刷牙方法，不因个人原因而放弃牙齿的清洁工作。

4. **养成习惯。**当孩子出第一颗乳牙时，就可以用纱布来擦洗，等再大些就可以引导学习刷牙的方法。

5. **挑选牙具。**和孩子一起挑选可爱的牙具以及孩子喜欢的牙膏，让孩子做主，高兴地学习刷牙。

6. **制作刷牙日程表。**每天刷好牙后可在日程表上贴漂亮的贴纸图案表扬孩子。

习惯55　变质食物不要吃

一日三餐是每个人每天都必不可少的，但是如果不注意饮食卫生，误食了过期变质的食品就会引起食物中毒，轻者影响身体健康，重者会危及生命。为避免食物中毒现象的发生，建议家长一定要把好“病从口入”这道关，不让孩子吃变质和腐烂的食物。

炎炎最爱喝饮料。夏季里的一天，炎炎出去玩回来，觉得渴极了。

一进门，炎炎看到昨天自己喝剩的半瓶饮料放在桌子上，于是，抓起来就喝了个痛快。

喝到最后时，她突然觉得这饮料味道有点怪，甜甜的，怎么还有点酸溜溜的，“哎，管他呢，反正口不渴了。”炎炎心想。

结果，到吃晚饭的时间，炎炎发现自己一点胃口都没有，肚子胀胀的，还有些疼。

妈妈急忙问她吃过什么脏东西没有，炎炎把那瓶怪味饮料的事告诉了妈妈。

“傻孩子，天太热，喝剩下的甜饮料必须放在冰箱里保存，你看，你喝的饮料都有酸味了，肯定变质了，吃变质的东西会得肠胃炎……”

炎炎这才知道，原来是变质的饮料害了自己，以后可不能乱吃变质的东西了。

任何食物，在常温下放置一段时间后都会变质，有的发霉结块，有的腐烂发臭，有的变酸……

变质的食物不仅外观发生变化，失去原有的色、香、味品质，营养价值也会下降。食物变质，不仅是口味不好，更重要的是腐烂变质的食物，含有许多毒素，食用后会危害人体健康，轻则引起腹泻，俗称“拉肚子”，重则会发生食物中毒。

食物怎么会腐烂变质呢？是谁使好吃的食物变坏的呢？科学家们查到了元凶——这一切都是细菌在作怪。细菌在食物中繁殖后会使食物腐败变质，所以腐败变质的食物一定有细菌存在。如果把细菌吃下肚去，又会把细菌带到肠子里，并在肠子里繁殖，这样就会使胃肠发炎，引起发热、呕吐、腹痛、腹泻等消化系统疾病的症状。

有的细菌极耐冷，即使在冰箱中，它们也能存活几十天，一旦温度变暖，它们照样繁殖后代，引起食物变质。所以不要认为冰箱就是保险柜，从冰箱里拿出食物就吃是非常不卫生的。

为避免食物中毒的发生，家长要与孩子一起严格把好“病从口入”这道关，吃剩的食物应及时储存在冰箱内，但储存时间不宜过长；食用前高温加热能杀灭许多致病微生物；不吃或少吃凉拌菜以及易带致病菌的水产品；食具要按时煮沸消毒；不到卫生状况不好的餐馆吃饭等等。

如果吃了变质的鱼、虾、蟹而引起食物中毒，可取食醋约100毫升，加凉开水200毫升，稀释后一次服下；还可用紫苏30克、甘草10克一次煎服。若误食了变质的饮料或防腐剂，可用鲜牛奶适量（约300毫升）或其他含蛋白质的饮料灌服。

如果在进食后1～2小时内出现中毒症状，可使用催吐的方法。最快最简便的方法是，病人自己用中指、食指刺激咽后壁，促使发生呕吐；或用鹅毛、包着消毒棉花的筷子等刺激咽后壁，引发呕吐，直至呕吐物呈苦味黏液为止。

如果病人吃下变质、污染的食物时间较长，已超过2～3小时，但精神状态尚可，则可服泻药，如大黄30克，一次煎服。

当然，这只是应急的方法，如果症状严重要立即到正规医院进行诊治。

温馨小贴士

如何让孩子做到变质的食物不要吃呢？建议做到以下几点：

1. 不吃变质、腐烂的食物。食用袋装食品前，首先要看看是否过期、变色、变味，已有哈喇味的食油和点心不能让孩子吃。

2. 不吃剩饭、剩菜。饭菜均宜现做现吃，营养丰富的饭菜，细菌更容易在其中繁殖。若食用剩饭菜，首先应检查食物有无异味。如无异味，可加热到100℃，并持续20分钟才能食用。

3. 不在小摊上购买不洁食物。学校外面的很多临时摊点，一定要远离，因为它们在马路上沾染了很多灰尘和细菌，对我们的身体是很不利的。

4. 合理地存放食物，使其不受污染。熟的食物和生的食物不能放在一起，以免熟食会受到细菌的侵扰。冰箱里拿出来的食物应该先热一下再吃。

5. 不吃病死禽畜动物。不要吃病死及未经检疫的猪、牛、羊、狗及家禽的肉，尽量不吃青蛙、蟾蜍、牛蛙等，不食河豚。

6. 仔细阅读食品的出厂日期和保质期。不让孩子吃过期的食物. 也不要购买离保质期很近的食物，以免在家存放时过期。

7. 了解更多的食品安全知识。让孩子多看课外书，如报纸、杂志等，多查资料，多问多思考，了解更多的食品安全知识，尤其是自己日常食用的物品的来源、保质期、宜忌等，不断加强食品安全意识，做到防患于未然。

习惯56　生吃水果要洗净

水果含有丰富的营养物质，对人体健康是必不可少的。现在种植水果都离不开农药，因而在水果的表皮，就会有很多农药残留，若不洗就吃，农药也会随之进入体内，对身体造成伤害。所以，食用水果时一定要让孩子洗干净后再吃，不要只图一时的痛快而吃未洗的水果造成不必要的麻烦。

夏天来了，鲜美的水果陆续上市了。“小馋虫”琳琳可高兴了，她最喜欢吃夏天的水果，什么桃子呀、杏子呀，她都是“百吃不厌”。

这天，琳琳中午放学回家见桌上摆着许多大桃子。她眼前一亮，马上来了精神，抓起桃子就啃。妈妈看到了说：“刚从市场上买回来，得用清水洗干净再吃。”琳琳答应了一声，打开水龙头，稍稍冲洗了两下，擦也没擦就放到嘴里大口一咬，不一会儿就吃下去了。

吃完一个桃子，琳琳觉得还不过瘾，再抓起一个用水稍一冲洗，三口两口又下了肚。就这样一口气吃下四只大桃子才觉得把肚里的“馋虫”打下去了。

吃后不多久，琳琳就觉得肚子疼得厉害，一会儿又开始恶心呕吐起来。不多时她就浑身大汗淋漓，烦躁不安，面色苍白。

妈妈一看可吓坏了，慌忙拨打了120，把琳琳送到了医院。经过医生诊断，琳琳是轻微的农药中毒，而这毒就来自不够卫生的桃子。

水果、蔬菜含有丰富的营养物质，对人体健康是必不可少的。并且，水果蔬菜的味道鲜美，我们都非常喜欢吃。但是水果和蔬菜需要洗干净，有些甚至要经过加工处理后才能食用。

近年来，无论种水果还是种蔬菜，农民们为了防治病虫害，也为了使其更好地生长，喷洒了大量的农药。过量的农药会长期残留在果皮和蔬菜上，如果没有洗净或削皮，食入后对人体是有害的。

有些水果如橘子、荔枝等，虽然是剥皮吃，但是一边吃一边剥皮，手上沾的农药和细菌会随同果肉一起吃进体内。而孩子的抗病能力差，抗毒能力也弱，若吃了没有洗净和没有去皮的瓜果，容易引起疾病，如急性胃肠炎、蛔虫病、农药中毒等。所以，孩子在吃水果时应用水冲净或削皮，同时要洗干净手再吃为好。

在将水果交给孩子时，家长应该记住，不能让孩子吃腐烂的水果；吃水果也不宜过量，有些水果吃过量则可导致疾病的产生，如荔枝吃多了可发生低血糖等，而且一次用量过多也不利于消化，易造成小儿腹泻。

请记住：**生吃水果一定要洗干净，减少疾病的发生！**

温馨小贴士

怎样才能让孩子食用水果更卫生呢？建议做到以下几点：

1. 水果一次要少买，尽量吃新鲜的。如需贮藏，可放在冰箱内或用纸箱存放于阴凉通风处。发现腐烂、霉变或有异味的水果，要及时去除，以免污染其他好果。

2. 注意水果的清洗方法。食用水果前要先在淡盐水里浸泡3～5分钟，或者用水果消毒剂洗净，然后再用清水反复冲洗。有的水果形状长得弯曲，有沟有刺，不容易清洗干净，可以用小刷子刷洗。

3. 能去皮的尽量去皮。瓜果即使洗净了，生食的瓜果能去皮的最好去皮，这样会更加安全。

4. 腐烂的水果不能吃。如果水果有腐烂，就不应再食用了，因为食用后很容易发生痢疾、伤寒、急性胃肠炎等消化道传染病。

习惯 57 饭前便后要洗手

俗话说病从口入，所以为了卫生，勤洗手是关键！饭前便后要洗手是预防肠道传染病比较有效的方法。如果饭前便后不洗手，就容易把细菌带入口中，吃到肚里。注意手的卫生是预防病从口入的重要环节，要从小培养孩子饭前便后洗手的好习惯。

有一位叫苗苗的孩子，特别注意卫生。妈妈告诉她，要从小养成爱清洁、讲卫生的好习惯，尤其是饭前便后洗手的习惯。

苗苗问："为什么饭前便后要洗手？"

妈妈告诉她："因为手上摸了脏东西，在吃饭前不洗干净，吃进肚子里就会生病，肚子里就会长出虫子来；有虫子，就要去医院打针吃药了。"等她稍大一点，妈妈还进一步告诉她，饭前便后洗手可以预防各种肠道传染病、寄生虫病。

每次苗苗洗手时，妈妈都准备好肥皂、毛巾，放在苗苗容易取拿的地方。妈妈还让苗苗把袖子挽起来，以免把衣服搞湿了，并教给她手心手背都要仔细洗净。妈妈示范一次以后，苗苗很快就学会了怎样把小手洗得雪白。

于是，苗苗每天早晨起床后，自己洗脸、洗手。尤其是吃饭前，从来都不用家长提醒，自己主动去洗手，打肥皂，口里还念念有词："洗完手，要甩三下，把手上的水甩干。"有时大人一忙，吃饭前忘记了洗手，她还会提醒大人呢。

手是人体的"外交器官"，人们的一切"外事活动"，它都一马当先，比如从事各种劳动：倒垃圾、刷痰盂、洗脚、穿鞋等，都要用手来完成。因此，手就容易沾染上许多病原体微生物。

科学家做过这样一个调查，一只没有洗过的手，至少含有 4 ~ 40 万个细菌。指甲缝里更是细菌藏身的好地方，一个指甲缝里可藏细菌 38 亿之多。然而，还有很多人没有养成自觉洗手的习惯。

为什么要在饭前便后洗手呢？原来，无论是大便还是小便，都要去厕所，而厕所里，尤其是公共厕所，空气中细菌的含量特别多。而这些细菌大多数是能使人生病的细菌，比如大肠杆菌、痢疾杆菌等。这些细菌属人的肠道寄生菌，在排出大、小便时，随粪便一同排出，当然在厕所里就比较多了。当你上厕所时，手上就不可避免地会沾上细菌。

俗话说："饭前不洗手，病菌易入口。"如果用未洗净的手拿食物吃，就可能将细菌和虫卵随食物一起吃到体内，从而造成疾病的传播。因此，饭前洗手很重要。如果你便后不洗手，细菌就会停留在你的手上。你吃东西时，细菌则会通过你的手同食物一道进入你的体内而使你生病。

为了避免病菌进入人体，不仅要养成便后洗手的习惯，还要养成饭前和游戏后洗手的习惯。洗手要注意把手浸湿，用肥皂抹遍手掌、手指、手背，然后搓几下，再清洗。洗手的水和毛巾不能与他人共用，最好用干净的自来水冲洗，至少冲洗30秒钟以上。

饭前便后洗手，实际上是切断了细菌的传播途径。作为家长，不仅要培养孩子饭前便后洗手的习惯，随着孩子年龄的长大，还要给他们讲清道理，使他们始终自觉地保持这种好习惯，预防病从口入。

温馨小贴士

怎样才能让孩子掌握好的洗手方法呢？建议做到以下几点：

1. 经常提醒孩子勤洗手。有的孩子贪玩、性子急，不是忘记洗手就是不认真洗，家长应经常耐心地提醒孩子洗手，不要因孩子不愿意洗而采取迁就的态度。要让孩子懂得"饭前便后要洗手"，在孩子吃东西之前，都要提醒孩子反复洗手，保持清洁。在不便洗手的环境（如旅途）中，可用湿的消毒纸巾为孩子擦干净手后再吃东西。

2. 教给孩子正确的"六步洗手法"。建议采用流动水，使双手充分浸湿，取适量肥皂或皂液，均匀涂抹至整个手掌、手背、手指和指缝，认真搓揉双手，洗手的时间不应少于30秒。具体搓揉步骤为：一是掌心相对，手指并拢，相互搓揉；二是手心对手背沿指缝相互搓揉，交换进行；三是掌心相对，双手交叉指缝相互搓揉；四是弯曲手指使关节在另一手掌心旋转搓揉，交换进行；五是左手握住右手大拇指旋转搓揉，交换进行；六是将五个手指尖并拢，放在另一个掌心旋转搓揉，交换进行。

习惯58　勤洗热水澡

现在人们的卫生条件都有了明显的提高，洗澡成了生活中必不可少的一项内容和好习惯。勤洗澡不仅能清除皮肤上的脏东西，促进皮肤血液循环，维护健康，还能帮助孩子更好地入睡。

学生身体素质个性差异较大，锻炼身体后容易出汗，如果不及时洗热水澡，可能造成孩子受凉感冒或者身体不适的情况。

郝俊凯是个各方面都很优秀的孩子。文章经常在班内当范文读，但是身体比较弱，平时经常感冒发烧，为此爸爸妈妈给他制订了一系列锻炼身体的方法。郝俊凯在给同学们读的一篇文章中说："勤洗热水澡不仅能洗掉我跑步时的汗垢，还能使我精神好，睡眠好，心情舒畅，更重要的是能预防感冒呢。"由此可见，勤洗热水澡是郝俊凯锻炼身体的一个重要内容，同时也是我们大家应该培养的生活好习惯。下面的短文是郝俊凯写的日记：

今天是星期六，我很想洗澡，但是爸爸和妈妈不在家，我决定一个人洗澡。

当我拿起小毛巾开始洗的时候，才觉得自己原来就不会洗澡，怎么办呢？正当我为难的时候，我想起在幼儿园老师教给我们的一首洗澡歌："上面搓搓，下面搓搓，脖子扭扭，屁股扭扭……"

我一边唱歌一边用毛巾把身体弄湿，还用沐浴露往身上擦着、搓着，弄出了许多泡泡。我还把它们放在一个瓶子里，吹着泡泡玩。

我正玩着玩着，突然听见爸爸和妈妈回来了。妈妈在喊："强强在干什么呢？"我连忙说："我正在一个人洗澡呢。"我赶紧用清水在身上冲洗了几次，将身上的沐浴露冲得干干净净。澡终于洗好了。我把身体擦干，穿上衣服，感觉真舒服啊！

这时，我听见爸爸对妈妈说："我们的儿子又长大了！"

哈哈！我真的自己能够洗澡了。当然，我会记住，那些好玩的泡泡。下次，我还会好好地玩。

对有的孩子来说，洗澡简直就是一种受罪。有的孩子胆小，不愿洗澡，甚至进了洗澡间就害怕，还大哭大闹，弄得家长没办法帮他好好洗澡，常常是草草擦一擦身子就算了。

孩子不愿意洗澡，有的是因为他们害怕肥皂沫流进眼睛的刺痛感，有的是认为用不着那么勤的洗澡，或者只顾贪玩不让洗澡；有时是因为家长的原因，如房间温度低，家长的手冰凉或动作鲁莽，使孩子洗澡时感到不舒服等。不管是什么原因，家长都应让孩子享受到洗澡的快乐，至少不用强迫孩子，让孩子把洗澡作为经常要做的事情。

其实，洗澡的好处有很多，除了清洁护肤之外，对身体健康也有很多好处。洗澡可以洗掉污垢，促进排汗，保证皮肤有效地调节体温，有利于皮肤呼吸；洗澡能使皮肤和肌肉的血液循环加快，获得更多的营养，促进新陈代谢，消除人的疲劳，不仅使皮肤舒适，也能使肌肉放松，甚至能减轻肌肉疼痛。

勤洗热水澡还能有效预防痱子。因为在夏天高温闷热环境下，孩子出汗过多，汗液蒸发不畅，导致汗管堵塞、汗管破裂，汗液外渗，这样就容易生痱子。

一般说来，饭前饭后不要洗热水澡，因为这时洗澡，肝脏和肠胃的血液就会集中到身体的表面，从而抑制胃酸的分泌，影响食物的消化和人体对营养的吸收。**夏天可以天天洗澡，冬天则每周洗澡 2～3 次是比较合适的，且冬季洗澡一般不要超过 15 分钟。**

温馨小贴士

孩子在洗澡的时候应注意哪些问题呢？建议做到以下几点：

1. 让孩子开开心心地洗澡。要让孩子喜欢洗澡，首先应让孩子体会到洗澡的舒服与清爽，感受到洗澡是一件快乐的事。洗澡前半小时，最好让孩子玩安

静的游戏。如果孩子太兴奋，会因为沉浸在游戏中而不愿意去洗澡。洗澡时，家长可一边给孩子洗澡，一边给孩子讲故事或和孩子一起玩水，让孩子放松心情，逐渐习惯并喜欢在水中沐浴的感觉。

2. 注意洗澡水的温度。洗澡水的温度要适宜，过热或过冷都易使孩子产生不舒服的感觉，甚至因为水对皮肤的刺激而对水产生恐惧感，从而产生排斥心理。夏天水温在24℃~29℃为宜，冬天一般水温控制在40℃左右。

3. 洗澡时间不宜过长。浴室内的温度和湿度都很大，空气也相对不流通，时间太长会出现胸闷、心绞痛等情况。夏季里因为天天要洗澡，仅仅是冲洗汗渍，5分钟左右就差不多了。

4. 洗澡动作要轻柔。有些人认为只有用力搓洗，才能把皮肤上的脏东西洗掉，实际这样是不对的。皮肤分泌的皮脂可以保护、滋润皮肤，皮脂和汗液混在一起，具有杀菌能力。而热水会溶解皮脂，洗得过勤，或用力搓澡，会使皮脂大量流失，皮肤的抗菌能力也会减弱。

习惯 59　每晚睡前洗洗脚

每晚睡前洗洗脚，是一种很好的卫生习惯。每天睡前洗脚，既讲卫生，又能促进血液循环，对身体健康有很大的好处，还有助于孩子很快入睡和提高睡眠的质量。

顽皮的伟伟最喜欢上体育课了。

体育课刚开始，伟伟与同学们在体育老师的带领下先玩了“排火车传篮球”的游戏。伟伟身体素质好，跑的速度以及运球技术都是顶呱呱的。在他的带领下，他们组总能在落后的情况下，被他扭转局面，因此他就有了“篮球英雄”的称号。

然后是自由活动的时间，他们又玩起了“斗鸡”的游戏，这个游戏看似简单但需要力量与节奏配合，去占领“敌人”的场地。伟伟玩得同样优秀。

体育课在快乐和兴奋中不知不觉结束了。放学回家，伟伟进门就脱了鞋。熏得爷爷奶奶直喊：“伟伟！赶紧洗脚。”伟伟诡秘地笑着就是不想洗脚。这时絮叨的奶奶说：“洗脚不仅能除臭还能帮助睡眠，这样精力充沛，学习才能更好。”伟伟还是不听。

到了睡觉时伟伟却翻来覆去怎么也睡不着了，这时他不禁想起了奶奶的话，然后倒了一盆热水好好地洗了脚。不过也怪，洗脚后竟然一觉睡到天亮，连梦都没做一个。

脚，由于不断地着地走动，更易被灰尘污染，再加上鞋袜包裹，通风散热差，易出汗，不洗脚会发生臭味，时间长了，易繁殖病菌。

有些家长认为孩子用不着每天洗脚，特别是秋冬，穿长裤和袜子，脚不脏，没必要天天洗。其实临睡前洗脚的好处很多，家长不要怕麻烦。

古人云："春天洗脚，升阳固脱；夏天洗脚，湿邪乃除；秋天洗脚，肺腑润育；冬天洗脚，丹田暖和。"

中医经络学说认为，人体的五脏六腑在脚上都有相应的穴位，脚底是各经络起止的汇聚处，在脚背、脚底、脚趾间也有很多穴位。有的科学家还认为脚是人体第二心脏，脚上有无数的神经末梢与大脑相连，洗脚时用双手在温水中按摩脚心、脚趾间隙，能使大脑感到轻松、舒畅。

由此可见，民间流传的**"睡前洗洗脚，胜似吃补药"**的话是有一定道理的。

为了得到更好的效果，洗脚最好用温水。如果长期用很热的水给孩子洗脚，会使孩子的足弓受到影响，不利于儿童的健康发育。水温大约要控制在38℃~40℃左右，可以先让孩子把双脚放在水中浸泡一会儿，然后用小毛巾轻轻搓洗，搓洗时特别要注意脚底和脚趾之间的污垢，洗好擦干后，再轻揉、按摩足底，使皮肤略为发红，这样消除疲劳的效果会更好。

温馨小贴士

睡前洗洗脚，胜似吃补药。洗脚好习惯，不要嫌麻烦。你的孩子是这样洗脚的吗？

1. 洗脚最好用温水，容易去污活血，先把脚放在水中泡2~5分钟，然后用毛巾轻轻搓洗。

2. 搓洗时特别要注意脚底和脚趾之间的污垢。

3. 洗脚不一定每次都用肥皂，隔2~3天用一次就可以了。

4. 洗好后用毛巾擦干，再轻轻按摩脚底，使皮肤略微发红，这样有助于消除疲劳，能很快舒服地入睡。

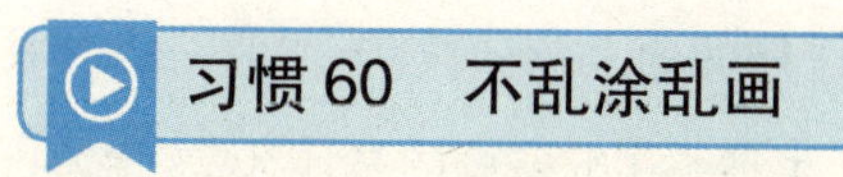

习惯60 不乱涂乱画

喜欢涂涂画画是孩子的天性。作为家长应正确对待孩子的乱涂乱画，要正确地引导，让孩子分清“涂鸦”的场合，做到不乱写乱画，特别是要珍爱身边的环境，爱护公共设施，做一个有道德、讲文明、讲卫生的好公民。

春日融融，佳佳与贝贝两个好朋友，早早就起来了，一同欢天喜地地去郊外游玩。

郊外可美了，绿树成荫，花草茂盛。可爱的小鸟在天上叽叽喳喳地叫着，让佳佳和贝贝心旷神怡。他们在那里谈天说地，追逐跳跃，别提多高兴了！

走着走着，佳佳看见前面有两根红色的大柱子，一下子就联想到了“大闹天宫”的故事，于是他从口袋里拿出来一支彩笔。走到柱子旁在上面写上了“佳佳到此一游”几个字。贝贝看见了急忙说：“佳佳，请不要在柱子上乱涂乱画，这样是破坏环境，快把那些字擦掉吧”

佳佳听了羞红了脸，惭愧地低下了头，连忙把那些字给擦掉了。

大家都知道，牛皮癣是一种皮肤病，而且很难彻底治愈，现在许多城市也患上这种“皮肤病”。

有人在大街上到处乱画，墙上、地上，就连公交车站牌也没能幸免，写的、贴的很多都是违法的小广告和电话号码。这些地方总是黑一块白一块的，跟个大花脸一样。

有人还在旅游景点留印记。在城墙上、石头上、大树上刻字留言是不少游玩者的喜好，而古老的文化遗产也因为这样的行为伤痕累累。有的景点由于被人刻上密密麻麻的字，已经面目全非。

孩子天生都爱画画，一见到纸张，不管有用没用，拿起笔就兴致勃勃地乱涂一气。雪白的墙上、干净的地上，有时甚至在他们的衣服上，都被他们画得乱七八糟的，让人看半天，也猜不出究竟画的是什么，这就是我们常说的“涂鸦”。

看到孩子到处乱涂乱画，有的家长很厌烦，禁不住就要粗暴地训斥，甚至有的一气之下，把孩子的画笔给扔了，把孩子呕心沥血精心绘制的“作品”给撕得粉碎。还有的因为孩子画得不是地方，糟蹋了衣服或别的什么有用的东西，把孩子痛打一顿，并狠狠下禁令“今后绝不许再乱画”。

家长应正确地对待孩子的乱涂乱画现象，要正确地引导，让孩子分清“涂鸦”的场合，做到不乱写乱画。特别是要珍爱身边的环境，爱护公共设施，保持整洁美观的生活环境，做一个有道德、讲文明、讲卫生的好公民。

▶温馨小贴士

孩子到处乱涂乱画怎么办呢？不妨从以下几方面着手：

1. 让孩子知道乱涂乱画的危害。一旦发现孩子乱涂乱画，最好的办法是领着孩子对比脏和干净的墙面，让孩子和家长一起擦拭被弄脏的地方，使他感到被涂脏的墙壁门窗想再恢复原样是多么的困难。家长可将这种乱涂的危害性稍微放大，让孩子觉得所犯的错误不可原谅，从而改掉乱涂的习惯。

2. 专门设置让孩子涂鸦的地方。在家里墙壁上贴上大纸，既能保持墙面清洁，又为孩子涂鸦提供便利。家长要购置各种各样的绘画工具，满足孩子的画画兴趣。可为孩子提供各种各样的画笔和颜料（无毒蜡笔、油画棒、水彩笔、毛笔、手指画原料、水彩颜料等）。“涂鸦”要在家长的陪伴下进行，要注意安全，提醒孩子不要将颜料和笔放到嘴里。在纸的选择上，可利用废旧的挂历纸、广告纸、报纸等等，甚至纸盘、牛奶盒也可以制造不少创造性游戏。比如，可以让孩子双手沾满颜料在纸盘、白布上作画，留下小小手印。

3. 带孩子仔细观察一下家里的各个摆设。和孩子商量什么地方能画，什么地方不能画。让孩子在能画的地方贴上笑脸的粘纸，在不能画的地方贴上哭脸的粘纸。例如瓷砖处——贴上笑脸，家电、家具处——贴上哭脸。注意标志要醒目，贴在孩子相等高度的地方。

习惯61 作业本要整洁

作业本，是孩子给老师或别人的见面礼，也是与别人进行的一种无言的交流。因此，要想让孩子给人一个好的印象，给人一份美感，就要教育孩子始终保持作业本的干净和整洁。

上课铃响了，同学们都端端正正地坐在教室里，等待教师点评昨天的语文作业。

语文老师站在讲台上，一摞高高的作业本整整齐齐地放在讲桌上，老师手里还拿着一本卷了边的还几乎要散开的作业本。老师走下讲台，拿着这个作业本在教室里展示了一圈，又重新走上讲台，严肃地说："同学们，大家看这位同学的作业本像什么？"全班同学顿时哈哈大笑起来，有的同学喊："像麻花。"还有的同学喊："简直就是烂狗肉。"同学们又是一阵哈哈大笑。

在同学们的笑声中，李朝晖却是满脸通红，不好意思地将头深深地低了下去。老师示意同学们静下来，继续说："同学们，了解一个人可以从很多方面来入手。但是对一名学生而言，作业本从某种意义上说，就代表着一个学生的形象。这本作业，我没有看是谁的，我相信，这样的作业以后绝对不会再出现了！"

李朝晖长舒了一口气，心里感激老师给他留了面子。也就是从那一刻起，李朝晖彻底改掉了这个毛病，每一本书都工工整整地包上了书皮，每一个作业本都干干净净，整整齐齐，老师再也没找到那样的"麻花"作业本。

一般地讲，孩子的作业往往能反映出孩子的学习态度，经常翻翻孩子的作业，家长就能从中了解孩子的学习状况。

比如说，孩子的作业是不是整洁，就能看出孩子对待这门功课的认真程度，如果孩子的作业任意地乱涂乱画，刚用过几页作业本就变得破烂不堪，可以肯定,这个孩子的学习也不会好到哪里去。

当然,如果这个孩子的作业本整齐干净,漂漂亮亮的,让人看了以后心里非常舒服,那么可以肯定这个孩子对学习的态度是认真的。老师也是最喜欢批改那些干净整洁、字迹漂亮的作业本。

建议家长在关注孩子是否完成作业的同时,多关注一下孩子的书写质量,看孩子是否把作业本保护得干干净净,让孩子从小养成爱惜作业本的好习惯。

温馨小贴士

如何让孩子养成保持作业本整洁的好习惯呢？建议做到以下几点：

1. 干净整洁从爱惜作业本开始。每次拿作业本,都要让孩子轻拿轻放;每次做作业之前,先洗干净双手,擦净桌面;写完后,要把作业本整理好。要像爱惜自己的脸面一样爱惜作业本,最大限度地保护作业本的干净整洁。

2. 字体工整从写姓名开始。作业本要保持整洁,不卷页,不弄脏。为了渗透工工整整地写好字的意识,拿到新的作业本后,要求孩子先在练习本或草稿本上练自己的姓名,然后仿照最满意的那一个,工工整整地写在作业本上。让孩子感到往作业本上写自己的姓名,如同做一件神圣而有意义的事情。

3. 做一个严格、有心的家长。关心孩子的学习首先从关心孩子的作业做起。家长要经常检查孩子的作业是否整洁、字迹是否工整、作业做得正确率是多少。如果字体潦草,作业本上有涂画、不干净的现象,家长应毫不留情地予以纠正。

习惯62 不乱扔果皮和纸屑

在整洁清新的环境里，我们才能心情舒畅地学习、工作和生活。优美、舒适、干净的生活环境要靠大家去创造。让我们从现在做起，不随地吐痰，不乱扔果皮和纸屑，从小养成保持环境卫生的好习惯。

一位老者曾问过很多孩子："你爱自己吗？"

孩子们都笑着说："谁不爱自己啊？"

"你爱自己的父母、朋友和我们生存的地球吗？"

孩子们的回答也是异口同声："当然爱！"

"你们爱学校吗？"

不少同学也说："爱！"

"那你是怎么爱的呢？"

孩子们的回答各式各样，没有统一答案。然而，有一位男孩的回答却让老者感动。

"管住我的口，不随地吐痰；管住我的手，不乱扔纸屑；管住我的脚，不践踏花草。"男孩这样说道。

说得多好呀！简简单单的"三个管住"，看出这个男孩真的很懂得爱。按他的理解，爱就是约束自己，管住自己，保护人类共同的生存环境。

饮料瓶、包装纸……这些"看上去很美"的东西，一旦变成垃圾，而且随地乱扔，恐怕就会"看上去很丑"了。

一片小小的垃圾，可以折射出一个人乃至一个国家的文明程度。曾有报道说，日本在举办广岛亚运会时，十万人退场，没留下一片垃圾，全世界为之惊叹。前几年也曾有报道说，在五一黄金周的时候，风景优美的乌鲁木齐，游人如织，但人过之后，一片狼藉，来中国旅游的韩国人不忍卒睹，结队二三十人，为中国捡拾垃圾。此时此刻，作为中国人，难道不为之羞愧？难道他们领先于我们的只是经济吗？

乱扔乱吐的代价是什么？污染环境，破坏环境；扔掉的是品质，吐掉的是素质。这，不仅是对自己的不尊重，更是对他人的不负责。

“勿以善小而不为，勿以恶小而为之。”作为家长，教育孩子看到地面上有废纸就应当随手捡起来，但关键的问题是不在于“捡”，而在于“不乱扔”。如果没有一个人乱扔，你想捡也捡不到。这不是很简单的道理吗？

虽然有的孩子在学校是“环保卫士”，但是出了校门却乱扔果皮和纸屑。“爱护环境”还没有转变为一种真正的自觉行动，这就需要我们大家长期共同地坚持。

优美、舒适、干净的生活环境要靠大家去创造。让我们从现在做起，从自身做起，不随地吐痰，不乱扔果皮和纸屑，从小养成保持环境卫生的好习惯。

温馨小贴士

如何让孩子养成不乱扔果皮和纸屑的好习惯呢？建议做到以下几点：

1. 增强孩子的环保意识，激发孩子自觉保护环境的决心，平时要让孩子争当“环保小卫士”，在生活中养成不乱扔果皮、纸屑的好习惯。

2. 教育孩子在“不乱扔”的同时，见到果皮纸屑主动捡起来。顺手捡起的是一片纸，纯洁的是自己的精神。

3. 家长要以自己的实际行动给孩子做出榜样，首先成为保护环境的积极倡导者。

 习惯63 用过的手帕及时洗

随身带手帕，既是讲究个人卫生的需要，也是文明礼貌的一种表现。在生活中，我们要让孩子做到少用纸巾、多用手帕，从小养成随身携带小手帕的好习惯。如果使用次数多了，就要做到及时洗，经常保持干净。

这是一位赴美留学生真实的生活经历：

小时候，他每天上学口袋里一定带着一条手帕来擦汗、擦手。初到美国，他不知什么时候起跟着别人用纸巾替代了手帕。

一位澳大利亚的医生对他说，**用手帕擦鼻涕完全合乎卫生，因为只要手帕一干，细菌即无法生存，手帕用后要及时清洗，可以反复使用。**

被医生提醒后，他开始随身携带手帕。刚开始时他还有点不习惯，但很快就习惯成自然。这几年他没有再买纸巾，也不觉得有欠缺，看到各处大量使用纸巾，他觉得很浪费，也很污染环境。

从使用手帕这件小事，他想到环保和污染仅是习惯的改变而已。我们应该养成善待环境的好习惯，以改善生活的质量。

“丢，丢，丢手帕，轻轻地放在小朋友的后面，大家不要告诉他……”这首耳熟能详的童谣总能唤起很多人的童年记忆。

手帕是人人都需要的卫生用品。然而，随着纸巾的普及，现在的国人却把手帕弄“丢”了，今天有许多人不用手帕，而是用纸巾或卫生纸。方便、省事的纸巾取代手帕的同时，能源浪费、二次污染及卫生隐患也接踵而来。它不仅消耗我国大量的资源，造成环境污染，也对人体健康有潜在的危害。

在发达国家，手帕几乎成了体现国民素质的一个方面。据美国媒体报道，

美国前总统布什接受采访时表示，他平时都会随身带块手帕。在欧洲，手帕更是绅士和淑女的象征，并逐渐成了“绿色时尚”的标志。中国消费者协会也曾提出“把丢掉的手帕捡起来”的倡议。

如今除了上年纪的人以外，极少能见到还有人口袋里揣着手帕。现在，我们必须改变这种观念，少用纸巾，多用手帕，让孩子从小养成随身携带小手帕的好习惯。

然而，手帕虽好，使用的次数多了，如果不及时清洗，就会脏的，它的上面就会产生很多的细菌，因此我们要让孩子养成及时清洗小手帕的好习惯。手帕比较小，孩子是完全可以自己洗的，即使洗得不太干净，也应当让孩子动手，洗的次数多了就能洗干净了。

请记住：**随身带手帕，既是讲究个人卫生的需要，也是文明礼貌的一种表现。**

温馨小贴士

怎样才能使手帕保持清洁呢？建议做到以下几点：

1. 手帕应放在干净的、固定的衣袋里。

2. 手帕要叠成方块，不要揉成一团，要一层一层地使用。

3. 用过的手帕、毛巾脏了，要经常换洗。

习惯 64　见到垃圾主动捡起来

无论是在家里、在校园，还是在其他场所，都应培养孩子的环保意识，不仅做到不乱扔垃圾，而且见到垃圾要主动捡起来。见到垃圾主动捡起来，体现的不仅是一种勇气，更是一种文明和修养。

文明不是书上的字眼，我相信，只要我们仔细留意，就会发现其实文明就在我们身边。

一个星期天，我去电影院看电影。我的身边坐着一位年轻人，他边看电影边吃着瓜子，可他周围的地面却毫无杂物，为什么？原来他在自己坐椅的扶手上挂了一个塑料袋，他把嗑完的瓜子壳都扔进了塑料袋里，这看上去只是举手之劳，但却不仅干净了自己，又为别人创造了一个赏心悦目的环境，真是一举两得啊！

傍晚，我和妈妈到公园散步。我们刚到门口就看见了一些白色的塑料袋散落在地上，随风翻滚，让人们觉得非常肮脏。噢！对了，我们也来当一回文明小市民！

正好我的包里有一个袋子，我和妈妈把垃圾捡起来，那些肮脏的塑料袋就被我捡到了卫生袋里面了。我们边走边捡，一直捡到了湖边。看见凳子底下还有许多垃圾，它们像狡猾的敌人隐藏在暗处，我弯下腰把它们一个个给收拾起来装进袋子，然后扔到垃圾桶了。我们回头一看觉得公园里清洁了很多，脸上露出了满意的笑容！

原来讲文明就是这么简单，我们不需要做出什么惊天动地的壮举，只要将每一件小事做好就是文明的表现。看见地上有垃圾主动捡起来扔进垃圾桶；看到有人跌倒了，主动把他扶起来；公交车上见到老人主动给他让个座……总之，只要我们每人向前迈一小步，那我们的国家就向文明迈进了一大步！

近年来，我国各地的城市和新农村建设日新月异，高楼大厦拔地而起，学校、农村院落、生活小区和风景名胜区等公共场所环境优美，我们看到的不仅是祖国的繁荣和富强，还有人们的文明与进步。

然而，在生活中却经常发现一些不文明的现象，有的人乱丢垃圾，随处丢弃的垃圾也到处可见，有的人即使看到了垃圾也没有做到主动捡拾，让人看着特别别扭。

我们的周围为什么会出现这种乱丢垃圾，而没有主动捡拾垃圾的现象呢？

● 一是有的人没养成良好的习惯，形成一种无意识的状态。

● 二是有的人缺乏自控能力和有效的监督，认为没人监督或约束时就可以随手扔垃圾。

● 三是有的人缺乏环境卫生教育，环境意识淡泊。

随手捡起垃圾纸屑，也许真是一件不起眼的小事，一个不经意的动作。可它体现出的，却是一个人的好习惯，一份对社会和他人的关爱。只有当我们都愿意弯下腰捡起散落的垃圾纸屑时，我们所拥有的社会才会体现出一份真正的美：一份不止是环境上的，更是大家心灵的美。

其实，文明并不难，有时只需一小步。在生活中，我们每个人需要做的，不仅是要不乱扔垃圾，而且看到地上的垃圾应主动捡起来，因为这捡起的不仅是一个纸团，也是一种文明和素质。

温馨小贴士

如何培养孩子见到垃圾主动捡起来的好习惯呢？建议做到以下几点：

1. 每次外出准备一个方便袋，把用过的废纸和果皮等随手放入袋中。捡起一张废纸，就是消除一份污染。

2. 在上学和放学的路上，要主动捡起白色垃圾放到垃圾桶中。

3. 不随便撕本子、玩纸，避免产生新的垃圾。不让垃圾进校园，只让美好到我家。

习惯65 不与宠物过分接触

现在，很多家长为孩子买了宠物。研究发现，和宠物相处能帮助孩子学到很多东西，有助于培养孩子的爱心和责任感。但是，要尽量避免让孩子和宠物“亲密接触”。只有这样，才能让孩子在养好宠物的同时也保护好自己。

不久前，一位20多岁穿着时髦的小姐到中山医院皮肤科就诊，她向医生诉说，肩膀上不知为什么突然长了一个圆圆的红斑，而且奇痒难耐。

医生在检查时发现，该红斑有钱币大小，而且边缘隆起，有水疱，他凭经验判断，应该是体癣。稍后，检查报告出来，确诊为犬小孢子菌感染的体癣。医生说，犬小孢子菌是真菌的一种，很易寄生在猫狗等动物身上，他怀疑这位小姐的病情可能与宠物有关。

经询问得知，该小姐养了一只猫，而且喜欢整天把猫抱在怀里、驮在肩上玩，天长日久，在不知不觉中感染了体癣。

现在饲养宠物的家庭越来越多，儿童被宠物咬伤的病例越来越多，犬伤成为常见的伤害。由于“宠物”家庭常缺乏相关的教育培训，如宠物的科学饲养、儿童与宠物的相处知识。

宠物毕竟是动物，它存在兽性，非常可能抓伤、咬伤孩子。一般孩子会主动地接近宠物，用手摸宠物的眼睛、尾巴甚至是嘴，这样是非常危险的，特别是在宠物进食或者发脾气的时候，孩子往往对事物充满好奇却自我保护能力很差，不能及时辨别危险的信号。

因此，养宠物家庭应特别注意宠物在发情期、产崽期远离儿童。孩子和宠物一起玩耍时，家长一定要陪伴在旁边，孩子做出危险的动作时，一定要制止，如果孩子无意中弄疼了宠物，宠物会下意识地做出攻击行为，此时，家长要注意保护孩子。如果孩子被宠物抓伤或咬伤，应马上将伤口残留的血液挤出并用消毒剂清洁伤口，简单包扎后，马上带孩子就医，并在医生的医嘱下给孩子注射相应疫苗。

假如家里养了小狗等小动物，一定要教育你的孩子做到三点：

一是不要过度亲密。人狗有别，由于过度亲密感染上动物携带的病毒，付出的代价就太大了。二是不能激怒它们。狗在饥饿或吃东西时，要避免挑逗，因为这时候它们情绪不稳定最具攻击性。三是不要猛跑或尖叫。突然遇到狗时，不要害怕，不要猛跑或尖叫否则会让狗感到害怕，反而被狗追击。一般站着不动，狗就会自动走开。

请记住：不与宠物过分亲密接触，让宠物离孩子远一点。只有这样，才能让孩子在养好宠物的同时，保护好自己。

温馨小贴士

如何才能让孩子做到不与宠物过分亲密接触呢？建议做到以下几点：

1. 不要让太小的孩子玩宠物。家里如果养小宠物，一定要把宠物跟孩子做适当的隔离，不要让孩子与宠物过分亲密接触，大人要随时关注孩子和宠物的行为，不要让他们单独在一起。

2. 不要让孩子与宠物一起睡觉。婴幼儿居室请远离宠物。孩子睡觉时，可在摇篮或小床上加个网罩。

3. 不让孩子单独给宠物喂食。没有家长监护，不要让孩子用手直接给宠物喂食，或在宠物吃东西及睡觉时打扰它。

4. 定期带着宠物去检查，同时，宠物的窝、用具等要及时清洗、消毒，房子也要进行适当的物理消毒，注意通风、日晒等处理。

习惯66　干干净净迎接每一天

讲究卫生，人人有责。养成讲究卫生的好习惯特别重要，因为它是一个人文明的表现。要教育孩子自觉养成讲究卫生的好习惯，干干净净迎接每一天。

建雄是个10岁的男孩子。最近，妈妈发现了他的一些新变化，那就是他比以前爱干净了。

以前，他不太重视个人卫生，就连饭前洗手、睡前洗漱这样的小事都要父母盯着做。如果没人盯着，他就匆匆完事。新的学期开始了，建雄变了。他每天早上刷牙洗脸，还特别仔细地整理头发。不仅如此，每到星期天，建雄还主动地收拾自己的房间和书架，走在路上看见别人吐痰、扔纸屑，他就会忍不住走过去说上两句。

妈妈问建雄为什么爱整洁了。建雄说，老师给他们讲了很多讲卫生、讲环保的故事，还让他们把自己的手放在显微镜下面观看。这使他认识到一个不讲卫生、不懂环保的人是一个很无知、很野蛮的人，大家都不爱和这样的人做朋友。

在生活中，我们经常看到有的孩子这样抱怨：

每天早上都要刷牙，太麻烦了。

夏天应该勤洗头洗澡，冬天就没有必要了。

长指甲显得好看，所以不用剪。

内衣应该天天换，外套就没有必要经常换洗了。

吃饭又不是用手抓，饭前洗手真是多余。

喉头有痰就要一吐为快，哪里顾得上地点呀。

偶尔扔一点垃圾也没关系，反正没有人看见，再说还有环卫工人呢。

……

如果这样的抱怨多了，那真是太糟糕了。干干净净迎接每一天，既有个人卫生方面的要求，也有公共卫生方面的要求。要想让孩子成为文明的人，首先就必须让他克服不良卫生习惯，做到干干净净迎接每一天。

如何迎接新的一天，是日常生活中的大事。从自身清洁卫生做起，保持周围环境的整洁，我们才会有好的精神状态，才会有好的心情。

一个人每天都干干净净，举止优雅，谈吐文明，走到哪里都会受到大家的欢迎。在社会交往中，如果不讲卫生，窝窝囊囊，就会成为人际交往的障碍。原因很简单，没有人愿意与一个总是很邋遢的人在一起。

不懂得讲究卫生的人，就没有真正的幸福生活。在现代社会中，养成讲究清洁卫生的好习惯特别重要，干干净净，既是对自己负责，也是对他人的尊重。做好个人卫生，讲究公共卫生，还能体现出社会成员及整个社会的文明程度。

温馨小贴士

如何才能让孩子干干净净迎接每一天呢？建议做到以下几点：

1. 让孩子明确讲究卫生的重要性。 如果孩子没有真正理解讲究卫生的重要性，只是被老师或家长“逼”或“催”着讲卫生，很难培养出讲究卫生的好习惯。家长要言传身教，还可以让孩子上网查查讲卫生的益处，也可以让他们回想自己的行为，看有没有因为不讲卫生引发过不良后果，同时要让孩子明白养成良好的卫生习惯，不仅仅是为了自己，也是为了别人，为了大家，为了整个社会。

2. 告知孩子注意讲卫生的细节。 一个真正讲卫生的人，会注重各种细节。孩子要做到干干净净迎接每一天，很多“小事”不能忽略。比如，头发要干净；勤剪指甲，不留指甲垢；红领巾等物品要保持清洁；书包、铅笔盒等器具要保持整洁；使用的水杯要经常清洗；身边常备手帕、纸巾等；嚼完口香糖后用纸包好再扔进垃圾箱等等。

第四章

礼仪好习惯，文明有修养的标志

“不学礼，无以立。”我国素有“礼仪之邦”之美誉，历来重视礼仪，崇尚礼仪。礼仪是人类文明的标志之一，是一个人道德修养的外在表现。文明就是要造就有修养的人。只有在交往中时刻注意知礼、重礼、守礼，才能有效地调节好人际关系，赢得别人的欢迎和尊重。

习惯67 能记住别人的名字

在人际交往中，记住别人的名字，而且很轻易地叫出来，等于给别人一个巧妙而有效的赞美。记住别人的名字，就意味着在乎别人，尊重别人，这是一种终身受益的好习惯。

吉姆·佛雷10岁那年，父亲就意外丧生，留下他和母亲及另外两个弟弟。

由于家境贫寒，他不得不很早就辍学，到砖厂打工赚钱贴补家用。他虽然学历有限，却凭着热情和坦率处处受人欢迎，进入政坛。

他连高中都没读过，但在他46岁那年就已有四所大学颁给他荣誉学位，并且身居民主党要职，最后还担任邮政首长之职。

有一次有记者问起他成功的秘诀，他说："辛勤工作，就这么简单。"记者有些疑惑，说："你别开玩笑了！"

他反问道："那你认为我成功的原因是什么？"

记者说："听说你可以一字不差地叫出1万个朋友的名字。"

"不，你错了！"他立即回答道，"我能叫得出名字的人，少说也有5万人。"

这就是吉姆·佛雷的过人之处。每当他刚认识一个人时，他定会先弄清他的全名，他的家庭状况，他所从事的工作，以及他的政治立场，然后据此先对他建立一个概略的印象。

当他下一次再见到这个人时，不管隔了多少年，他一定仍能迎上前去在他肩上拍拍，嘘寒问暖一番，或者问问他的家庭近况，或是问问他最近的工作情形。有这份能耐，也难怪别人会觉得他平易近人，和善可亲。

吉姆很早就已发现，牢记别人的名字，并正确无误地叫出来，对任何人来说，都是一种尊重、友善的表现。

名字，是一个人最熟悉、最亲切的称呼。听到别人呼唤自己的名字，谁都会精神为之一振，当然会留心对方在说什么啦！记住别人的名字，就意味着在乎别人，尊重别人，它让你在人际交往中一开始就占据优势。

有人说，我很难记得住别人的名字，怎么办呢？

重复是记忆的最好方法，具体方法就是：当场把名字重复三遍，过后再重复三遍就容易记住一个人的名字了。

记住别人的名字，意味着对别人的重视和尊敬，因为在这个世界上，每个人对自己的名字比对世界上所有人的名字加起来还要感兴趣，所以，**如果你要别人记住你、欢迎你、喜欢你，记住他的名字就是你发出的最重要、最甜蜜、最亲切的声音。**

要从小培养孩子记住别人名字的好习惯和能力，这对他以后的工作、交往都会有很大的益处，为孩子将来建立良好的人际关系起到促进作用。我们的家长如果能有意识地训练孩子这样做，久而久之，孩子会养成关注别人的习惯，就会帮助孩子一步步走向成功。

温馨小贴士

如何才能让孩子记住别人的名字呢？建议做到以下几点：

1. **把孩子介绍给客人。**当有客人到家里来做客时，要把孩子介绍给客人："这是我的儿子（女儿）××，这是××叔叔（阿姨）。"

2. **对任何一个孩子都表示关注。**如果你是客人，一定要跟主人家的孩子打招呼："你好，××，很高兴认识你。"

3. **家长的行为是孩子的榜样。**作为家长的你，一定要尽量记住孩子朋友的名字，如果孩子把朋友带到家里来玩，最好能一一叫出他们的名字。

4. **要教会孩子适当的社交礼仪。**比如见到长辈不能直呼其名，要求孩子跟长辈说话时首先要称呼："××叔叔（阿姨），请您……"

5. **忘了名字要主动想办法补救。**比如在路上碰到朋友，但是一时想不起名字了，打完招呼之后离开之前，要主动把自己的信息与对方互换，这样就在不知不觉中记住对方的名字了。

习惯68 学会使用礼貌用语

讲文明，有礼貌，是中华民族的优良传统。礼貌待人既是对别人的尊重，也是对自己的尊重；既是人们互相联系的纽带，也是通向友谊的桥梁。因此，无论在学校或家里，都要让孩子养成讲文明的好习惯。

星期一早上，豆豆起床晚了，来不及吃早餐。豆豆决定在去学校的路边上随便吃点，走着走着，刚好看到前面有一家卖包子的店铺，就走了进去。

人好多呀，大家都在有秩序地排队等待着，豆豆想：快到上课时间了，再排队就赶不上了。于是，豆豆也管不了排队不排队了，马上就往人群里挤。大家看着他这么小，也就没说什么。

可是，当豆豆挤到包子铺前，拿手指着卖包子的阿姨并大声地说："喂，喂，喂，这包子多少钱呀？"见卖包子的阿姨没理他，豆豆继续说："问你呢？卖包子的，怎么不说话呀？"

"这孩子怎么这么没礼貌呀，一点教养也没有。"

"是呀，大家都在赶时间，他不但插队，说话还那么不客气，现在有些孩子真是没礼貌呀！"众人纷纷指责豆豆。

豆豆听了以后，很不好意思地低下了头。

有一位哲人说过：礼貌是人们共处的金钥匙。今天的孩子长大后要走进社会，礼貌是一个人能否受到欢迎与尊重的重要方面，可以说，礼貌是一种人际交往的"通行证"。

作为家长，在教育孩子的过程中，应当从孩子童年时，就注意教育他学会礼貌用语，比如正确地称呼成年人，说"谢谢""请""对不起"等。一个人说话

的态度不好，语气急躁甚至严厉，是非常不好的习惯。试想，如果一个人举止粗野，或者出口不逊，有谁会愿意与他交往呢？

礼貌用语是人与人交往的语言，会说不难，但是如何正确地使用，对于有的孩子来说就不那么简单了。优秀的品质只有从小加以培养，才能逐渐形成且稳定持久。我们应从孩子出生之日起，就开始让孩子与人交往，培养孩子文明礼貌的品质。

有些家长在外出活动时，常常会十分注意提醒和鼓励孩子使用礼貌用语，而回家之后，很多家长却都放松了对孩子的要求，认为在家里使用不使用礼貌用语是无所谓的事情。

其实，孩子良好习惯的养成，并不在于他在别人面前如何表现，而在于这种表现是否是一种好的习惯。家长教育儿女讲礼貌、懂礼仪首先要做到的就是：让孩子在外、在家的表现保持一致。

教育孩子学会有礼貌，最好的方法就是引导他去体会别人的心情，带领他去感悟礼貌所能带来的更加美好的东西。告诉孩子只有懂得礼貌的人，别人才愿意和他一起玩耍，才肯和他做朋友。

中国是礼仪之邦，有一句话叫“礼多人不怪”，生活中最重要的是礼貌，它比最高的智慧，比一切学识都重要。要想培养文明有礼的孩子，就要教育孩子学习使用礼貌用语。

礼貌是最容易做到的事，也是最珍贵的东西。因此，家长在教育孩子的过程中要让孩子学会说话和气，举止文雅，活泼大方，形成待人诚恳、落落大方的良好习惯。

温馨小贴士

如何才能让孩子养成有礼貌的好习惯呢？建议做到以下几点：

1. 家长要文明待人，给孩子做个好榜样。孩子懂礼貌不是天生的，都是后天习得的。孩子的辨别能力比较弱，分不清好坏，喜欢模仿别人，所以家长在日常生活中要注意自己的言谈举止，注意文明礼貌，用自己良好的行为在潜移默化中影响孩子，只有有修养的家长，才能培养出有教养、高素质的孩子。

2. 让孩子学会礼貌待客。每个家庭都会有客人来访，但有些家长为了不让孩子打扰来访的客人，一般都会把孩子打发到一边，让他们自己去玩。其实，这样的做法非常不可取。正确的办法是在客人来访时，试着让孩子以主人的身份主动去招待客人，要孩子逐渐学会礼貌待客。

3. 不要强迫孩子。家长要注意的是，在孩子没有礼貌的时候，千万不要强迫孩子。很多家长强迫孩子讲礼貌，比如有客人来家里，孩子躲着不肯见人，家长就硬把孩子拉过来，逼着孩子向客人问好，有时竟把孩子弄得哭哭啼啼，这样非但达不到目的，还会让孩子产生逆反心理。遇到这种情况，家长应暂时放弃，等到孩子平静了以后，再让孩子做一下反思，或许能够帮助他理解家长的用意。

4. 随时随地提醒孩子注意文明礼貌。比如，带孩子到别人家去做客的时候，要教育孩子先敲门；得到允许再进门；进门后要有礼貌地与主人打招呼。

习惯69　听从父母的教导

家庭是孩子成长的摇篮，父母是孩子的第一任老师。父母所积累的人生经验是极其宝贵的，往往是孩子在课堂上、书本里学不到的。父母的正确教导是不可缺的，这也是孩子直接获取知识，保证其健康成长的必备要素之一。

世界球王贝利少年时，一度染上吸烟的坏习惯。一次被他父亲发现了，贝利非常害怕，担心受到责骂。

贝利的父亲迈着缓慢而沉重的脚步来到贝利身边，长长地叹了一口气，忧郁的眼睛直直地盯着他，足足有三分钟的时间。

随后父亲压低声音，非常和气地对贝利说："你踢球很有天分，以后或许能成为一名优秀球员。可吸烟对身体是有害的，如果因为它而害你没有成为球星，你会遗憾的。我想我的儿子一定是优秀的。"说完，他用粗糙的大手抚摸着贝利的脑袋，另一只手从衣袋里摸出了仅有的一点儿钱，放到贝利面前。

贝利听着父亲的教诲，看着皱巴巴的几元钞票，眼前浮现出了父亲在烈日下劳作的身影，眼睛里不禁溢出了热泪。贝利为自己的无知而感到惭愧。从此，贝利改掉了吸烟的坏习惯。

每当回想起往事的时候，贝利总是说："是父亲的教导成就了我，我感激我父亲的教导……"

父母，是这世上一部永远也写不完的书。父母给了我们什么呢？

父母赋予了我们生命，哺育我们成长。

父母教给了我们知识、技能和做人的道理。

父母给了我们世界上最无私、最伟大的爱。

父母对子女的爱是世界上最无私、最伟大的爱。我们成长的每一步都离不开父母的呵护、教诲和影响，每一步都浸透着父母的心血。

中国有一句古话“百善孝为先”，孝敬父母是中华民族的传统美德。尊敬老人，孝敬父母，听从父母的教导，也是我们学会做人的前提。

在中国历史上，从古到今，没有哪个朝代不重视孝道，孔子把“孝”放在一切道德的首位，视为“立身之首”“自行之源”。当代不少伦理学家把孝敬父母看作是人生处理人际关系的第一台阶，是做人的基本要求，是关心他人、自觉上进、热爱祖国等品德形成的基础。

无数的历史事实告诉我们：**凡是精忠报国、事业有成的人，都是和听从父母善言、尊敬奉养父母、不忘父母养育之恩分不开的。**凡是不敬师长、不讲信用、不思进取、好逸恶劳、自私自利、无恶不作，干尽天理不容、危害社会和人民利益的人，都是败家子、逆子。尤其是对父母忘恩负义的人更是不孝之子。

《弟子规》里曾讲到：“父母教，须敬听。”这句话的意思是当父母教育孩子时，孩子应该怀着恭敬、尊敬的态度，认真聆听父母的教导。这话看起来简单，实则内涵丰富，做起来也并不容易。

试想：一个在家里连父母的话都不肯听的人，跑到外头，有可能听别人的话吗？一个人不肯听别人的话，还有人愿意教他吗？没有人愿意教他，怎么可能学得到东西呢？

苏联教育家苏霍姆林斯基说过：“只有爱妈妈，才能爱祖国。”因此，作为子女理应孝敬父母。孝敬父母要落实到行动上，从身边小事做起，一心为父母着想，自觉听从父母的教导，长大后才能学会做人，学会处事，才能学好本领，报效祖国。

温馨小贴士

怎样才能培养孩子养成孝敬父母，自觉听从父母教导的好习惯呢？建议做到以下几点：

1. 让孩子知道长幼有别，尊重父母。在许多家庭中，父母与子女的关系并没有处在一个合理的平衡点上：要么就是疼爱过度，要么就是过于严厉，不左

就右，很难权衡。为了让孩子学会孝敬父母，我们首先要懂得尊重孩子。只有将这个平衡点维持在最好的位置上，父母与孩子的关系才能合理平稳地发展。

2. 从生活小事开始，培养孩子孝敬父母的习惯。我们培养孩子孝敬父母，就是希望孩子能做到听从父母教导、关心父母健康、分担父母忧虑、参与家务劳动、不给父母添乱。而要把这些要求变为孩子在日常生活中的一种习惯性行为，我们就应当从日常小事抓起，从幼年时期开始培养孩子。比如，饭后要求孩子主动收拾碗筷、自己的小件衣服自己洗、自己的房间自己收拾等。

习惯70 静静地听别人讲话

“懂得倾听对方的谈话,尊重对方的兴趣,你就成功了一半。”静静地听别人讲话,在社交场合中是非常重要的。从某种意义上说,这也是一种礼貌,是对别人的一种尊重。而且,越是仔细听人说话,越能鼓励对方说得精彩动人、妙语如珠,同时自己也受益匪浅。

美国知名主持人林克莱特在电视节目现场随机采访了一个6岁的小男孩。问他说:“杰克,你长大后想要当什么呀?”

“我……我长大了想当一名飞机驾驶员。”男孩想了很久,结结巴巴地回答。

林克莱特接着问:“如果你驾驶的飞机在大海上空飞行时,突然发现你飞机油箱里的燃料不多了,不能飞到任何一个机场了,你打算怎么办呢?”

小男孩思考几分钟后回答说:“我会先告诉坐在飞机上的人绑好安全带,然后我挂上我的降落伞跳出去……”

听到这里,直播现场的所有观众都忍不住哈哈大笑起来。当现场的观众都笑得东倒西歪时,林克莱特继续注视着这个孩子,想看看他是不是个自作聪明的家伙。

没想到的是,接下来孩子的两行热泪夺眶而出,林克莱特发觉这孩子的悲悯之情远非笔墨所能形容。于是问他说:“为什么要这么做?”

小男孩的答案透露出一个孩子最真挚的想法:“我要去拿燃料,我还要回来!我还要回来!”……

读完上面的故事,我们不能不产生对主持人林克莱特的敬佩之情,佩服他的与众不同之处,他能够让别人把话说完,并且在“现场的观众笑得东倒西歪时”仍能保持着作为一个倾听者所应具备的一份亲切、平和还有耐心。

因此，不管赞同还是反对，我们应该先弄懂对方的意思。静静地听别人把话说完——这就是“听的艺术”。

静静地听别人讲话是一种礼貌，是一种尊重，也是一种理解，更是一种与人交往的良好态度。

会倾听的人，可以接收四方的信息，分享他人的喜怒哀乐，感受世间的苦辣酸甜，人格更加健全，在人生的道路上会吸取更多的经验，少走弯路。只有会听、听懂、能听出问题，才能更好地互动应对，达到交际目的。

同时，“倾听”也是一个人文明交际的综合素养的体现。一个不能等对方把话说完就急于表达的人，经常打断别人讲话听不得反面意见的人，就是缺乏修养的人，他将很难与人成功地沟通。

然而，在课堂上或生活中常常发现有的孩子不能够静静地听别人讲话，总爱打断别人或者干脆不听的现象。这是为什么呢？

- 孩子对讲话中的部分内容感到好奇，迫不及待地想解决心中的“疑问”。
- 别人谈的或讨论的内容，孩子曾经听说过或有点似懂非懂，产生“共鸣”、激动，急于想“表现”自己，讲一讲自己的“看法”。
- 孩子独自玩耍或独自尝试着做某件事遇到了困难，这时他急于求得帮助，可能会不顾场合打断别人的谈话。
- 对方的讲话没能引起孩子的兴趣或话题内容不适合孩子，孩子听不懂。

实际上，“听”也是学习内容之一，在“听”中孩子能发现更多的问题，在“听”中能激起孩子思维的火花。在平时生活中，家长要经常抓住机会郑重其事地强调：听与说同样重要。

一个人善不善于倾听，不仅体现着一个人的道德修养水准，还关系到能否与他人建立起一种正常和谐的人际关系。因而，我们家长应有前瞻性——从小培养孩子学会倾听。只要我们重视培养孩子的倾听习惯，善于捕捉机会进行引导，相信，我们的孩子定会养成倾听的好习惯，变得更有智慧，更有修养。

温馨小贴士

如何让孩子静静地听别人讲话呢？建议做到以下几点：

1. 对孩子讲话不要过多重复。有的家长对孩子不放心，一件事或一个问题要反复讲几遍，这样孩子就习惯于一件事要反复听好几遍才能弄清。当老师或家长只讲一遍时，他似乎没听见或没听清，这样常使得孩子不能很好地理解讲话内容，也就谈不上取得好的学习效果。

2. 听讲时眼睛要看着对方。在听讲时，让孩子用眼睛注视说话的人，将注意力始终集中在别人谈话的内容上，不抢话题，不东张西望，不做其他无关的事情。

3. 对别人的讲话有所反应。在听讲的过程中，要让对方把话说完，不中途打断。通过赞同的微笑、肯定的点头、手势、体态做积极反应，表示感兴趣、接纳和尊重，要把信息铭记于心。

习惯71　不乱动别人的东西

不乱动别人的东西，看起来是一件小事，却反映了一个人的修养。孩子的天性就是好奇，在陌生的环境中更是如此。要告诉孩子如果想动主人的玩具或书籍等物品，一定要经过主人的同意才行。

北京有一家知名的外资企业招工，一些学历水平、身高相貌等客观条件都很不错的年轻人，过五关斩六将，进入了最后一关——面试。

可是未曾想到，到了真正面试的时候，没有提问，没有出题，短短10分钟，他们都失败了。

原来，总经理中途借故离开了5分钟，这些年轻人便得意忘形，围着总经理的大写字台，看看这个材料，翻翻那个资料。

10分钟后，总经理回来了，对他们说："面试已经结束了。"他们很纳闷，总经理解释说："很遗憾，你们没有一个被录取，因为公司从来不录取那些乱翻别人东西的人。"

这些年轻人一听，顿时捶胸顿足，后悔不迭，说："我们长这么大，从没觉得乱翻别人的东西是多大的错，没想到后果会有这么严重！"

别人的东西不乱动，看起来是一件小事，却反映了一个人的修养。

一个讲文明、懂礼貌的人，是不会随便乱动别人东西的。正如法国大思想家、大教育家孟德斯鸠曾说的那样：做人，品德应该高尚些；处世，应该坦率些；举止，应该礼貌些；未经允许，别人的东西我们应该远离些。

孩子的天性就是好奇，在陌生的环境中更是如此。在孩子小的时候，就应定些规矩，比如到别人家里去做客，绝对不许乱翻别人的东西；如果想动别人的东西，一定要经过主人的同意才行。

如果孩子从小受到这种教育，长大了自然就形成了习惯，在别人家做客也好，在学校上学也好，在单位上班也好，不乱动别人的东西，就会在同学和朋友中树立良好的形象。

孔子曰："不学礼，无以立。"做父母的要重视这个问题，从小进行教育和约束，让孩子的举止更加文明。

温馨小贴士

如何让孩子做到别人的东西不乱动呢？建议教育孩子做到以下几点：

1. 不乱拿、乱翻同学或别人的东西，即使是好朋友的物品，也要先经过他们的允许。

2. 去老师的办公室，不乱动老师的东西。

3. 在家中未经父母允许，不能随便搬动父母的物品。

4. 未经允许不进入他人房间，即使进父母的房间也要敲门。

5. 学会保护自己的隐私。自己家的电话号码，父母的工作单位、姓名，家里的收入情况都不要随便告诉别人。如果知道同学的一些类似的信息，也不要告诉别人。

 习惯72　借东西要及时归还

借别人的东西，只有及时归还，才能得到别人的信任，别人才愿意下次再借出东西。希望每个孩子都能从小养成借东西及时归还的好习惯，做一个守信用、讲诚信的好孩子。

列宁虽然身居高位，但他十分注意与人礼貌相处。他留下了许多被人传颂的小故事，反映出他极富修养的品质与谦逊的作风。

有一次，他为了研究一个问题，需要查阅一本外国出版的大辞典。这本辞典，在莫斯科只有一家图书馆藏有。平日，图书馆里的工具书都陈列在阅览室里，供大家翻阅，规定不得外借。

可是，列宁的工作实在太忙了，老是抽不出时间去上图书馆，只好破例到图书馆借阅。

他以特有的谦虚态度在借书条上写道："如果按图书馆规则，参考书不准带回家。那么在晚上，当图书馆下班的时候，可否借出，看一夜，明早送还？"在"明早送还"下面，列宁还特意加上了着重号。

作为国家领袖的列宁向图书馆借东西尚能做到如此谦逊有礼，我们普普通通的小孩子向别人借东西时，有什么理由可以不讲礼仪呢？

在现代社会里，学会交往，懂得如何待人接物是发展孩子社会技能的重要任务之一。

在生活中，孩子之间互相借东西是比较常见的事情，小到铅笔橡皮，大到钱财物品，但是，有时好意借出去的东西却不能及时收回，给主人带来了不方便，容易在孩子之间造成误会，甚至闹矛盾。

在借东西这个环节上，家长要教育孩子严守信用，这不仅是对孩子个人的

礼仪教育，也是对孩子诚信品质的要求。

俗话说"好借好还，再借不难"，意思是说借来的物品，要爱惜使用，准时归还，再去借来用时，对方会很高兴地借给你。完整及时归还借来的物品，即尊重了对方，又方便了自己。

做家长的要教育孩子，如果需要向别人借东西，用过以后必须及时归还。无论是借东西，还是还东西，都要把话说清楚，还要注意有礼貌。只有这样，才能得到别人的信任，才能更好地与别人交往。

希望每个孩子都能从小养成借东西及时归还的好习惯，做一个守信用、有礼貌的好孩子。

温馨小贴士

当孩子向别人借东西时，别忘了下面的这些礼节：

1. 礼貌语言不可少。无论向谁借东西，即使是向自己极要好的同学借东西时，也千万不要忘了讲"请""麻烦"等词儿。归还东西时，不要忘了说"谢谢"。

2. 要先征得别人同意。向别人借东西，要经对方允许后再把东西拿走，并说明什么时候归还。不能自作主张，用了再讲，更不能未经同意就去乱翻别人的书包或文具盒。如有特殊情况，实在不得已先将同学的东西取走时，要尽快告知同学，或写一便条放在显眼处，免得同学着急。

3. 东西用完后及时归还。让孩子借别人的东西要特别爱惜，做到完璧归赵。东西用完后，要及时归还，并道谢。归还时应请主人检查一下，假如不小心把借来的东西搞坏了，一定要主动照价赔偿并表示歉意。

习惯73 不打扰别人

不打扰别人，是尊重别人的表现。当有人学习、工作、休息时，我们说话、动作要轻，尽量不影响人家。只有这样，才能让孩子养成讲文明、有礼貌的好习惯。

抗日战争时期，在老百姓的心中，新四军是一支纪律严明的部队。他们坚决不拿群众的一针一线，每到一处，绝不打扰人民群众。在当年新四军所到过的黄村，至今还传诵着表现他们军民鱼水情的感人事迹。

那是在1938年7月1日的夜里，新四军一支队二团一营两个连攻打辛丰火车站。新四军凯旋时途经黄村，这时候已经是半夜，村里的人早已进入梦乡，为了不惊动当地的老百姓，部队决定集中在陈家祠堂内外休息。

可是，天公不作美，外面突然下起了小雨，陈家祠堂里面无法容纳所有战士休息，有些新四军战士们就在雨中度过了一夜。即使这样，他们也没有去打扰当地百姓。

天亮了，黄村的群众见新四军宁可受雨淋也不打扰老百姓，又听说打了胜仗，又高兴又感动，纷纷把新四军战士接到自己家中休息。待到夜幕降临时，新四军整装出发，村民们拥向村头欢送子弟兵。

不打扰别人，是对他人的尊重，是一个人参与社会生活、待人处世应具备的最基本的文明礼仪。

一个有修养的人，不只是在某些时间、某些场合、在某些人的面前才表现得有礼貌，而是不论在什么时候，不论在什么场合，不论在亲近的人或陌生的人面前，都表现得彬彬有礼。

看到别人在学习、工作、休息时，我们不要打扰别人。不得已必须打扰时，要说明情况或道歉。这是尊重别人的表现，是讲文明、有礼貌的行为。比如，平时要教育孩子在课堂上不要吵闹，以免妨碍还在上课的同学学习；在居民小区、医院、机关等地方，当别人工作、学习和睡眠的时候，也不可吵闹；走过别人休息的地方时，脚步要放轻，开关门窗也要放慢放轻；夜深人静的时候，更不能大声喧哗，影响别人休息；如果自己因为特殊的原因没有睡或者睡了又起来，要特别注意使自己的举动不妨碍别人休息。

礼貌是儿童与青年所应该特别用心养成习惯的第一件大事。请记住：**在任何场合，说话动作都要轻柔有礼貌，不影响别人工作、学习、休息。**一个讲文明、有礼貌的人永远会受到大家的尊敬和喜爱。

温馨小贴士

怎样才能让孩子不打扰别人呢？建议自觉做到以下几点：

1. 当别人休息的时候，不要让孩子吵闹，不要大声说话。
2. 当走过别人休息的地方时，脚步要轻。
3. 夜深人静的时候，不要让孩子影响别人休息。

习惯 74　学会原谅别人

原谅像一把伞，它会帮助你在雨季里行路。生活中难免会与别人发生摩擦和矛盾，或许对方无意，或许对方有难言之隐。得饶人处且饶人，退一步海阔天空，不妨试着给对方，也给自己一次机会，也许会有意想不到的收获。

从前，山上有两座庙，甲庙的和尚经常吵架，互相敌视，日子过得非常痛苦；乙庙的和尚却和睦相处，个个笑容满面，生活充满了快乐。

甲庙的住持来请教乙庙的和尚："你们怎么能让庙里永远保持愉快的气氛呢？"乙庙的小和尚说："因为我们经常做错事。"甲庙的住持正感到疑惑时，忽然一名和尚匆匆从外面归来，走进大厅，不慎摔了一跤，正在拖地的和尚立刻跑过来，扶起他说："都是我的错，是我把地擦得太湿了。"

站在大门口的和尚跑进来懊恼地说："都是我的错，没告诉你大厅里正在擦地。"被扶起的和尚则惭愧地说："不，不，是我的错，都怪我自己太不小心了。"

前来请教的住持看了这一幕便知道了答案。原来，正因为乙庙的和尚都有一颗宽容之心，都懂得如何去原谅别人，所以他们一直能够和睦相处。

原谅别人，就是原谅自己，原谅别人是快乐人生的基础。

打闹是儿童的天性，在学校里同学之间发生点小矛盾是常有的事。但是为了一点小事就争执打闹起来，甚至把关系闹僵，这样做就不好了。

"能饶人处且饶人。"发生在孩子们之间的小摩擦、小矛盾，或许对方根本就是无意，或许对方有难言之隐，退一步天地宽，不妨试着给对方，也给自己一次机会，也许会有意想不到的收获。如果什么事情都不原谅别人，总是与人斤斤计较，毫不容人，别人就会疏远你，不喜欢与你做朋友。

一个不肯原谅别人的人，就是不给自己留余地，因为每一个人都有犯过错而需要别人原谅的时候。所以，家长要教孩子学会原谅别人，只有你原谅了别人，别人才会原谅你。原谅不仅能修复自己与别人之间关系的裂痕，还能使自己与别人之间架起一座友谊的桥梁。那种蛮横、不讲理、任性和霸道的行为，在人际关系中是行不通的。要让孩子学会与人友好相处、融洽交往。

原谅是一种风度，是一种情怀，是一种相互理解的润滑剂。“原谅别人”有着独特的作用，有利于克服“自我中心”意识，有利于人际关系的和谐，培养孩子的社会适应能力与合作精神，促进孩子良好性格的形成。

温馨小贴士

在目前独生子女“自我中心”意识较为严重的情况下，如何教育孩子原谅别人呢？建议做到以下几点：

1. 给孩子创造接触同龄人的机会。家长要创造机会让孩子多接触同龄人，在交往中互相取长补短，提高人际交往能力及社会适应能力，养成良好的性格。

2. 让孩子学会处理矛盾的方法。当孩子在交往中遇到矛盾和纠纷时，家长可适当给予抚慰，并帮助孩子分析事情发生的原因，明辨是非，妥善处理。

3. 多从自己身上找原因。转移孩子对矛盾结果的注意力，检讨自己的过失，宽容伙伴的缺点与失误。

4. 告诉孩子与人相处要以诚相待。要让孩子知道，原谅别人就是给别人改正的机会，宽容忍让有利于增进友谊。

5. 家长要做孩子的榜样。家长遇到矛盾或冲突时能宽宏大度，不计得失，能够高姿态，不怕吃点亏，“能饶人处且饶人”，使孩子受到熏陶与教育，孩子才能逐渐学会原谅别人。

6. 让孩子懂得如何原谅。家长应教给孩子掌握原谅的标准，分清是非，正确处理所发生的问题，哪些应采取原谅的做法，哪些不可以原谅。原谅自己，但不能放纵自己；原谅别人，但不能失去原则。

7. 让孩子体验不原谅别人的坏处。如果一个人总是与人斤斤计较，毫不容人，别人会对你敬而远之，也就是说，不喜欢与你做朋友。不会原谅别人，也得不到别人的原谅。

习惯 75　进别人的房间先敲门

轻轻地敲门，既是对别人的尊重，又是自己有礼貌的体现。进入别人房间前，都要先敲门，得到允许后才能进去。这是基本礼节，反映出一个人的基本素质。

当当到伯父家过春节，每天都和堂兄玩得非常高兴，没几天当当就熟悉了伯父家的各个房间。

一天晚上，当当忽然想起想让伯父带他和堂兄去图书市场逛逛，赶紧穿上拖鞋推开伯父的卧室，正在电脑前工作的伯父吃了一惊，皱了皱眉头告诉当当明天再说。

当当有些不高兴，正准备转身出去，突然听到敲门声，原来堂兄在外面。当当好笑地看着堂兄，疑惑地问："进爸爸妈妈房间还要敲门？"

堂兄说："进别人的房间都应先敲门，得到允许才能进入，即使一家人也不例外，这是一个基本礼节。"

当当恍然大悟：怪不得伯父看上去不高兴呢！当当连忙向伯父表示了歉意。

孩子最早接触的礼节是在家庭。家庭成员之间互相尊重不仅是家庭和睦的重要基础，也是孩子养成良好行为习惯的基础。

有些父母认为，进房间敲门是一种礼貌，但在自己家里根本没有必要这样，如果自家人也敲门，那就是客套了。其实即使在家里，每个人也有自己的隐私权，也希望有自己的小小空间。

所以不管我们到任何房间，有没有人都应该先敲门，让房里的人知道外头有人想进去。待房里有人答话，允许之后我们才可以推门进去。因为如果我们很鲁莽地一开门就进去，可能会妨害到别人；如果人家在做一些比较隐私的事情，会造成很尴尬的场面，甚至引起不必要的误会。

进入别人房间或办公室时，你能做到先敲门，在得到主人的允许后再进门吗？

一般的敲门做法是先敲几下，隔一小会儿，再敲几下。敲门的声音要适中，太轻了别人听不见，太响了别人会反感。敲门时不能用拳捶、不能用脚踢，不要“嘭嘭”乱敲一气。若房间里面是老年人，会惊吓到他们。

如果主人家的门虚掩着，也应当先敲门，得到主人的允许才能进入。进入别人的办公室也应该敲门，表示一种询问“我可以进来吗”，或者表示一种通知“我要进来了”。

现代家庭大都安装了门铃，按门铃时也要讲究礼貌，慢慢地按一下，隔一会儿再按一下。千万别性急，“叮叮当当”乱按一气。

请记住：**轻轻地敲门，既是对别人的尊重，又是自己有礼貌的体现。**

温馨小贴士

在生活中，如何进别人的房间？建议做到以下几点：

1. 明确地告诉孩子，进房间必须先敲门，即使进父母的房间也应该如此。如果父母房间的门关着，想进去要先敲门，得到允许才能进。

2. 当孩子不能遵守时，需要多提醒几次。孩子做对了的时候，要用语言再加上表情来表示赞赏。

3. 父母进孩子的房间也要先敲敲门，不要搞“突然袭击”，得到孩子的允许再进去。

习惯76 与别人说话时态度要诚恳

“良言一句三冬暖，恶语伤人六月寒。”与人交谈时，要谦逊、尊重对方，多用商量的口吻，不要盛气凌人，也不要说大话。如果我们态度真诚、待人和气，就会给对方一种亲切感，会拉近彼此之间的距离，对方自然也会以同样的方式回应我们。

有一家杂志社的社长，想要请一位非常有名的学者为他的杂志写专栏。可是不管社长怎么劝说，他百般推辞，就是不答应，并且说：“我等一会儿还得赶飞机到外地去演讲。”

看到学者如此坚决，社长只好告辞。过了三四个小时之后，学者走到巷口想搭出租车赶赴机场，却看到社长的车子还没有离开。

社长看到学者走出来，快步走下车子，为学者打开车门，并且非常诚恳地说：“您好，先生。时间不早了，我送您去机场。”

学者盯着杂志社的社长看了几秒钟，微笑着坐上了车。几个月后，学者的专栏如期在杂志上刊登了。杂志正因为开设了学者的专栏，发行量大增。

学者的第一篇专栏文章，题目便是《社长的诚恳，我无法拒绝》。

交谈作为一门艺术，也是个人礼仪的一个重要组成部分。

在与人相处时，诚恳是一种颇为有效的黏合剂。和人坦诚地沟通，是对他人的尊敬，也会拉近双方的距离，赢得对方的尊重。

“你要求别人如何对你说话，你就应如何对别人说话。”这是学会诚恳的一条根本原则，离开这条原则，诚恳便成为一种摆设。

“良言一句三冬暖，恶语伤人六月寒。”与人交谈时，要谦逊、尊重对方，多用商量的口吻，不要盛气凌人，也不要说大话。如果我们态度真诚、待人和气，对方自然也会以同样的方式回应我们。

对别人不诚恳的人，最后对自己也不会诚恳。和人说话，有许多细节亦需注意，如在和人面对面的谈话时，半米左右的距离就够了，不要太近，也不要太远，太近的话会让人感觉不舒服，太远的话会让人觉得你不够尊重他；其次，就是要看着对方的眼睛，目光不能游移不定；再次，说话的过程中可以有些小的动作，但是不要太夸张；最后，说话的语气要慢，不要太快，最好等对方说完后过几秒钟再回答。

请记住：**态度亲和，能使我们增添交往的魅力，也是文明礼貌的重要内容。**

温馨小贴士

如何才能让孩子更好地养成诚恳地与别人谈话的好习惯呢？建议做到以下几点：

1. 态度要诚恳。谈话时态度要诚恳、亲切，谈话的声音不要过高，语调要平和沉稳，能使对方听得清即可，但是以不溅出唾沫为宜。

2. 精力要集中。与对方谈话时要注意倾听，不要左顾右盼或者看书看报。那样会给人心不在焉、傲慢无理等不礼貌的印象。

3. 不打断别人说话。交谈时，要尽量让对方把话说完，不要随意打断或插话，以示尊重对方。如果需要插话或打断对方的谈话时，应先征得对方的同意，用商量、请求的语气，这样可以避免有轻视之嫌，而让人感觉你很有礼貌。

4. 不能有不雅的小动作。与人谈话时，不能有挖鼻孔、抠耳朵、剔牙齿、搔痒痒、脱鞋袜、抠脚趾等小动作，因为这些都是不文明的表现。

5. 注意谈论共同关心的话题。交谈时，如果对方所谈内容你不感兴趣，应该换个双方都感兴趣的话题谈谈，以免出现冷场的尴尬局面。

6. 双方形成互动。适时搭话并适当地提问，可以有助于双方的交流。当然也不要为了说话而没话找话地瞎说一气，这反而会给对方留下一些不好的印象。

7. 不要过于沉默。适当的沉默是文静的表现。但如果过于沉默，一方面会妨碍你与别人的交往，另一方面还可能会引起别人的误会，会认为你目中无人。

习惯77　遇事多为别人着想

遇事肯替别人着想，不单是一种博爱，更是一种境界。要教育孩子关心别人，遇事多为别人着想，因为只有那些会关心别人的人才有可能与别人合作。

猎人捉住了一只小鸟儿，把它关进笼子里。

鸟儿拼命用脑袋撞击笼子。猎人很惊讶，便问："你不想活了吗？"

"是的，我只想早点结束生命！"

"为什么？"

"因为我的同伴们如果知道了我的处境，一定会不顾一切地赶来救我，那样，它们也将会被捉住。"

猎人听了此话，深思良久，决定将这只鸟儿放了。

"好心的人啊，谢谢你！"鸟儿说，"不过，你放了我，今天不就一无所获了吗？"

"不，我今天的收获比任何一天都要大。"猎人说，"你舍己救人的美德净化了我的心灵。这种美德，在我身上已经泯灭很久了。"

笼中小鸟儿为了不让同伴前来解救自己而被猎人捉住，毅然选择了结束自己宝贵的生命。一只鸟儿竟然如此高尚，为了同伴不惜牺牲自己。它舍己救同伴们的美德，令猎人深感惭愧，也令我们感动不已。

遇事肯替别人着想，不单是一种博爱，更是一种境界。北宋哲学家程颐认为遇到事情肯替别人着想，是第一等的学问。这不仅通俗地道出了深邃的哲理，而且点出了做人的学问。

当然，这"第一等的学问"绝非只是高人雅士们的专利，只要具有一颗仁厚之心，一颗为他人想一想的平常心，平民百姓也同样可以学得。辩证地看，你为别人着想，别人同样也会为你着想。常言所说的“人人为我，我为人人”，讲得就是这个道理。

为他人着想，看似简单，但做起来却不容易。例如，生活中随时可以看见争名夺利的现象，这是为什么？还不是某些人为了一己之利，不肯为他人着想。若是人们懂得这个道理，懂得礼让，那么很多矛盾和争斗问题就可以得到很好的解决。

在日常生活中，由于各种原因，每个人都会有这样或那样的过错。巴金曾经说过：“几十年的经验使我懂得，多想到别人，少想到自己，便可以少犯错误。”如果我们每个人都能为他人着想，就等于给对方一个改过的机会。

温馨小贴士

怎样才能让孩子做到遇事主动为别人着想呢？家长应从日常小事着手对孩子进行教育，如：

1. 在公共汽车上要主动让座给老弱病残幼和抱小孩的人。

2. 在商场开门时，应注意身后有没有人，有人时应当等后面的人安全后才走开。

3. 乘电梯时要站在右边，不要妨碍有急事的人从左边超过。

4. 进影剧院不应迟到，观看时不应交谈，以免影响他人，等等。

习惯78　不给别人起绰号

给别人起绰号，是对别人不尊重的一种表现。特别是拿别人生理上的缺陷起绰号，把自己的快乐建立在别人的痛苦之上，是很不道德的。

有一个叫小强的同学，性格很孤僻，总是自己一个人学习和玩耍，不怎么和同学交往。

一天，他突然和小丽大打出手，两人扭打在一起，脸红脖子粗。老师赶到后，及时拉开了两个人。见两人情绪都比较激动，老师先让两人平息一下自己的情绪，然后问清了原委。

原来，小强孤僻的性格成了小丽嘲笑他的缘由，小丽给他起个绰号叫"木头人"，时不时地喊喊。今天，小丽不停地在小强的耳边喊"木头人"，一向看似木讷的小强，居然挥起了拳头。

虽然小丽同学在学习上是非常优秀的，但是她没有考虑到给别人起绰号，会伤及同学们的自尊心，会伤害同学之间的感情。所以时间久了，同学们也不愿同她接近，她这么做实际上也等于孤立了自己。

在生活中，经常听到有的孩子给别人起绰号，五花八门，什么"四眼田鸡""马子""粽子""蝼蛄"呀，那可真是多得数也数不清。

在一次"中国少年儿童平安行动"中，29个省、市、自治区的小学生投票选出了自己认为"最急迫需要解决的校园伤害"。结果，81.45%的小学生选择了"语言伤害"。

这种"语言伤害"，就是一些同学给人乱起的绰号。绰号，从词性来考查，它是个中性词，是"外号"的意思。许多小学生表示：同学互相起绰号，有的同学被激怒而发生冲突，很多被起绰号的同学出现不同程度的心理压抑和痛苦。给别人起绰号或拿别人取笑，是把自己的快乐建立在别人的痛苦之上，是不尊重人的表现，是不道德的。

如何对待这一现象呢？是粗暴的制止还是正确的引导？粗暴的制止，只能让绰号由地上转为地下，给学生造成的心理压力和伤害会更大；正确的引导，让那些带有鼓励、赞扬、崇拜性的绰号，继续发挥其促进作用；而对那些带有讥讽、嘲笑、批评性的消极绰号，应及时给予制止。

让孩子从小就尊重他人的人格和名誉，就应自觉地尊敬老师，热爱同学，不要随便给别人起绰号，同时还要特别注意自己不要跟随他人一起去呼喊别人的绰号。

请记住：**给别人起绰号和取笑别人是不道德的。**

温馨小贴士

面对绰号的烦恼，家长该怎么办呢？建议做到以下两点：

1. 正确对待别人给自己孩子起的绰号。如果别人给自己的孩子起了确实让人难以接受的绰号，一是可以明确而坚决地对叫绰号的同学表示抗议；二是让孩子好好读书，当个全面发展的好学生，让同学们不敢瞧不起；三是让孩子跟老师反映，请老师帮助制止同学乱喊乱叫。

2. 让孩子从自身做起，不给别人起绰号。教育孩子不要把聪明用在给别人起绰号上，更不能以起绰号来损伤同学的人格。同时，我们也不跟在别人后面起哄，叫同学的绰号。

习惯 79 不说粗话和脏话

说粗话是一种不文明的行为，是缺乏教养的表现，它直接影响到人与人之间的交往。当孩子学会说脏话后，他可能会意识不到自己讲话不文明。作为家长，应该采用一些有效措施来制止孩子的这种行为。

10 岁的皮皮是一个调皮的孩子。在过生日的时候，小姨送给了他一套儿童工具箱。于是，他开始学着爸爸修东西的样子，在自己的小板凳上叮叮当当敲个不停，还不时地骂着："这破玩意儿！"

在商店的汽车模型柜台前，皮皮要求妈妈给他买个汽车玩具，可妈妈不同意，于是皮皮便生起气来，边跺脚边冲着妈妈大叫："你是个笨猪！"

奶奶一时找不到眼镜，正四处寻找时，皮皮坐在沙发上自言自语地说："奶奶的，真是个大白痴！"这让全家人都惊呆了。

皮皮被外婆从学校接回家来，进门一看见妈妈就大声打招呼："嘿，小妞儿！"然后笑嘻嘻地看着妈妈。

……

当孩子小的时候，好奇心强，有一种情不自禁的模仿本能，偶尔听见别人说一句脏话，他并不知道这句话的意思就跟着学了。父母切忌觉得挺好玩而故意引逗他或哄然大笑，这样会强化他的这种行为。而应该告诉他："这句是骂人的话，不好听，好孩子不学坏。"把孩子不文明的语言消灭在萌芽状态中。

但是，有的父母平时不太检点自己的言行，孩子受其影响，也学会了说粗话。这样的父母首先要提高自己的修养，严于律己，从头做起，为孩子营造文明、礼貌的语言环境；其次通过讲故事、做游戏等形式教会孩子学用礼貌用语。

如果家长偶尔再犯,那么就应该坦诚地跟孩子检讨:“刚才是由于不高兴,说出了那句话,我们是不对的,你不要学,今后我们谁都不说这种话了。”

孩子生活在社会的大环境中,难免受到各种不良言行的影响,说粗话也是如此。对此,父母要采取一些相应的防范措施:一方面要尽量避免让孩子接触周围不良的语言环境,让他们听不见脏话,学不到脏话;另一方面又要增强孩子的“免疫”力,教孩子明辨是非,告诉他们,骂人、说粗话是不文明的行为。另外,父母要关注孩子周围小伙伴的情况,为孩子选择讲文明、懂礼貌的伙伴,以减少相互学骂人的机会。

请记住:**说粗话是一种不文明的行为,是缺乏教养的表现。**

温馨小贴士

如何防止孩子说脏话呢？家长可以从以下几个方面入手：

1. 创设一个文明的语言环境。如果家长说话粗俗,满口脏字,这就很容易使孩子去模仿。因此,家长应该提高自身的修养,为孩子做出良好的榜样。此外,家长还应该有目的地筛选影视作品,让孩子结交语言文明的小伙伴,尽可能杜绝孩子接触脏话的渠道。

2. 避免强化孩子说脏话。在孩子刚刚说粗话脏话的时候,往往只是一味地模仿,根本弄不清楚这些话的含义。这时,如果家长觉得有趣或是表现出过度紧张或气愤的样子,孩子可能会误以为脏话是一种很有趣或是很特别的话语,从而重复地练习与模仿。此刻,家长应该做的,就是尽量保持平静,让孩子觉得粗话脏话跟其他平常的话语没什么差别。一旦孩子觉得这样的话语不能引起别人的注意,他们就会觉得索然无味,不会再去故意模仿这些词汇了。

3. 用恰当的话语表达内心感受。家长想要引导孩子用文明的话语去表达自己的想法,就先要教会孩子使用适当的语言,比如,“请你走开”、“你不讲道理,我很不高兴”等。这样,孩子在处理矛盾时就会掌握更多的文明用语。

4. 惩罚明知故犯的行为。当孩子总是故意在说一些粗话脏话,并且在家长多次解释和劝告都无济于事的情况下,父母应该立即采用一些措施来制止孩子的这种行为。如合理地剥夺孩子看动画片或去游乐园玩的权利等,使孩子深刻地认识到说脏话会给自己带来的不良后果,从而达到改正的目的。

习惯 80　懂得与他人分享

一个成功人士，一定要懂得与他人分享；一个不懂得与他人分享的人，不可能将事业做大。家长应该教导孩子如何与他人一同分享，无论是有形的事物，还是无形的情感，在日常生活中都要让孩子付诸行动，只有这样，他们才能真实地感受到与他人分享的喜悦。

农产品博览会正在举行，获得“最佳玉米种植奖”的一位农民高兴地站在领奖台上，额头上渗出的细密的汗珠在灯光的照射下闪闪发光。

当主持人问这位农民，是否可以公开他能够种出如此优质玉米的秘密时，这位憨厚的农民用浓重的方言说：“其实没什么秘密，我只是将自己的优良玉米种子分给邻居们一块儿种罢了。”

主持人和台下的观众大惑不解。“你为什么要把你的优良玉米种子分给邻居呢？”主持人追问道。

农民咧开嘴笑了笑，不紧不慢地说：“风会将成熟玉米的花粉从一块地吹到另一块地。如果我的邻居种的是品质不好的玉米，那么杂交传粉就会使我的玉米品质同样受到影响。如果我播种优良品种的玉米，那么我就应该帮助我的邻居也能种上优良品种的玉米。”

主持人看着眼前忠厚的农民，抑制不住内心的激动，用微微发颤的声音说：“有时候成功并不困难，重要的是要学会分享！”

台下掌声一片！

在生活中，我们经常看到有的孩子不愿与其他人分享他的东西，例如：有些孩子不喜欢别人分享他的玩具，有些孩子总是把大的、好的抢到自己的手里，有些孩子在吃饭时总是把自己喜欢吃的菜移到自己的面前。

与人分享其实是一件很美好的事，在分享的过程中，如果别人有与自己类似的感受，那种喜悦、那种共鸣，实在足以让人欣慰许久。分享最重要的，是那份心意，那份热情！

当我们乐意和他人分享我们所拥有的知识和祝福时，不但不会有损失，反而会产生更大的喜悦和满足。现实生活中，小气的孩子并不少见。“小气”虽然不是什么大毛病，但如果孩子什么都不愿与他人分享，独占意识很强，那么他是很难与他人形成良好的人际关系的。

为什么会这样呢？因为，现在的孩子多是独生子女，有的比较任性和自私，他们很少关心别人，很少为他人着想，更不懂得与人分享，所以形成了“以自我为中心”的意识。

要让孩子懂得分享，真正学会与他人分享，需要一个漫长的过程，并不是一两年之内就能做到的。所以，家长要想培养一个大方的孩子，就需要些耐心，等待孩子慢慢长大，慢慢体会分享的意义。

一位哲人曾经说过：“一个成功人士，一定要懂得与他人分享；一个不懂得与他人分享的人，不可能将事业做大。”的确如此，一个人就算是取得再大的成就，如果没人与他分享，那真是莫大的悲哀。

“好咖啡要和朋友一起品尝，好机会也要和朋友一起分享。”作为家长，不要刻意去掩盖孩子的某些弱点，应该让孩子从小学着和我们一起去分担，哪怕只是让他了解生活的不容易，这样他才会懂得珍惜现在的生活，也才会关心别人。

温馨小贴士

怎样才能让孩子慢慢学会与他人分享呢？建议做到以下几点：

1. 不能让孩子有独享意识。由于每个家庭中孩子少了，家长对孩子的溺爱更严重了。很多家长出于对孩子的爱，把好吃的、好玩的全让给孩子，孩子偶尔想与父母分享，父母却在感动之余说：“我们不吃，你自己吃吧！”长此以往就强化了孩子的独享意识，他们理所当然地把好吃的、好玩的全据为己有，导致孩子只会独享，不愿与他人分享。

2. 不能让孩子有特权。家长还要教育孩子既看到自己，也要想到别人，知道自己与其他成员是平等的关系。好东西应该大家分享，不能只顾自己，不顾别人。自己有需要，别人也一样有需要。不要让孩子凡事把自己放到第一位，这样的孩子容易表现出自私自利的行为。

3. 让孩子明白分享不是失去，而是互利。孩子之所以不愿与人分享，是因为他觉得，分享就是失去。要让孩子明白，分享表现了自己对别人的关心与帮助，自己与别人分享，别人可能也会回报给自己同样的关心与帮助，这样彼此关心、爱护、体贴，大家都会觉得温暖和快乐。分享其实不是失去，它是一种交流，一种互利。

4. 给孩子分享的实践机会，父母要为孩子树立榜样。一般来说，父母都疼爱自己的孩子，但爱的方法各有不同。父母千万不可对子女百依百顺，要什么给什么，更不要把孩子当成贵宾一样，要穿最好的，要吃最好的，有好的东西尽先顾着孩子。众多家人意见中，老是以孩子意见为优先，久而久之，孩子就成了“小皇帝”，主宰家的一切。这些孩子在家里有这样的表现，到外面自然也习惯如此。

习惯81 拥有感恩的心

感恩，是一种心态，是一种生活态度，是一种精神境界。让孩子学会感恩，常怀感恩之心，就应该让孩子在心中装着他人，而不是一切“以我为中心”。

在一个闹饥荒的城市，有一个家境殷实而且心地善良的面包师，他把城里最穷的几十个孩子聚集到一块，然后拿出一个盛有面包的篮子，对他们说：“这个篮子里的面包你们一人一个，你们每大都可以来拿一个面包。”

瞬间，这些饥饿的孩子一窝蜂般地涌了上来，谁都想拿到最大的面包。当孩子们都拿到了面包后，竟然没有一个人向这位好心的面包师说声谢谢，就走了。只有一个叫依娃的小女孩是个例外，她既没有同大家一起吵闹，也没有与其他人争抢。她等别的孩子都拿到面包以后，才把篮子里剩下的最小的一个面包拿起来，并且向面包师表示了感谢，亲吻了面包师的手之后才向家走去。

第二天，面包师又把盛面包的篮子放到了孩子们的面前，其他孩子依旧如昨日一样疯抢着，羞怯、可怜的依娃只得到一个比头一天还小一半的面包。当她回家以后，妈妈切开面包，许多崭新、发亮的银币掉了出来。

妈妈惊奇地叫道：“立即把钱送回去，一定是面包师揉面的时候不小心揉进去的。赶快去，依娃，赶快去！”当依娃把妈妈的话告诉面包师的时候，面包师慈爱地说：“不，我的孩子，这没有错。是我把银币放进小面包里的，我要奖励你。愿你永远保持现在这样一颗平安、感恩的心。”依娃激动地跑回了家，告诉了妈妈这个令人兴奋的消息，这是她的感恩之心得到的回报。

感恩是什么？感恩是一种心态，是一种生活态度，是一种精神境界。

古人云：“滴水之恩，当涌泉相报。”感恩，历来是我们中华民族的优良传统，也是一个人的必备品德。学会感恩对于孩子来说，既是一种必须具有的良好道德品质，又是终生受用的宝贵精神财富。

孩子不懂感恩，究其原因，首先应该出在我们家长的身上，我们的家长每天一见到孩子第一句话是："今天作业做完了没有？""今天考试考了多少分？"我们只关心孩子的学习成绩，而很少对孩子进行情感投资、感恩培养。

对孩子来说，感恩应该是父母给孩子必须上好的一堂人生必修课。让孩子懂得：他降临到这个世界上，每一步成长都离不开父母的养育、师长的教诲、朋友的关爱和大自然慷慨的赐予。让孩子学会感恩，常怀感恩之心，就应该在自己心中装着他人，而不是一切"以我为中心"。

让孩子学会感恩，应从家庭生活的每一件小事做起。比如，父母的生日，孩子给父母送上一张生日卡，是感恩；平时，孩子为父母倒一杯热茶，送上一条热毛巾，也是感恩。感恩无须旁人提醒，应该发自每个人的内心。一个会心的微笑，一句关爱的话语，一个凝望的眼神，一种温暖的触摸，无不是感恩的载体。

温馨小贴士

如何才能培养孩子的感恩之心呢？建议家长做到以下几点：

1. 做孩子的榜样。孩子的成长是一个不断模仿的过程，而模仿的对象往往就是自己的父母。想让孩子成为一个懂得感恩的孩子，那么你要给他做出榜样，无论什么时候，都别忘了说一声谢谢或者做一些动作，如拥抱等，来表达你感恩的心情。

2. 让孩子体会被人感谢所带来的快乐。比如，你可以让孩子帮你做一件他力所能及的事情，然后谢谢他，也可以让孩子去帮助他身边可以帮助的人。让孩子在帮助别人、并得到别人感谢的同时，感受到快乐。

3. 鼓励孩子用独特的方式表达感激之情。鼓励孩子在家人生日、教师节等时候自己画一些画，写一些字，或者做一些表达谢意和祝福的卡片。既让孩子表达了自己的心意，也让整个过程充满了创意和快乐。

4. 让孩子也分担一些家务。你可以指派一些孩子力所能及的工作，例如，饭前摆一下碗筷，整理一下自己的玩具，浇一下花等等。要让孩子意识到自己是家里的一分子，意识到他对于家庭的责任，并感谢家人的付出。

习惯82　热心助人

“你有困难吗？我来帮助你”是一句普普通通的话，但是当有人陷入困境时，这一句话就能激起无穷的力量。作为家长，我们要有意识地培养孩子热心帮助别人的好习惯。

在西方流传着这样一个传说：

一个人问上帝：“为什么天堂里的人很快乐，而地狱里的人一点也不快乐呢？”

上帝说：“你想知道吗？那好，我带你去看一下。”

他们先来到地狱，走进一个房间，看见许多人围坐在一口大锅前，锅里煮着美味的食物。可每个人都又饿又失望。原来他们手里的勺子太长，没法把食物送到自己嘴里。

上帝说：“我们再去天堂看看吧。”

于是他们来到另一个房间，看见的是另一幅景象，虽然人们手里的勺子也很长，可是，这里每个人都显出快乐又满足的样子。

这个人很奇怪，因为这里和地狱没什么两样。

“感到奇怪吗？”上帝笑着说，“你看一下就知道了。”

开饭的时间到了，只见这里的人围坐在锅边，用勺子把食物送到了别人的嘴里。

原来，天堂和地狱的区别，就是人们用勺子的方法有所不同。

如果我们每个人都只是为了自己的利益，而不去想着别人，则将体会到生活的孤独与失望，只有互相帮助，互相扶持，大家才能够共同生活，感受到生活的甜美。

在现实生活中，有的孩子比较自私，不会与人相处，令家长们束手无策。这样的孩子心中想的是“只有我一个”，根本不懂人与人之间应该互相帮助，所以我们要创造机会让孩子学会帮助别人，培养孩子乐于助人的好习惯。

帮助，不是施舍，而是从心里愿意去做，帮助是不图回报的。有许多孩子有这样的心理：“我帮助了别人，我获得了什么？”我们要让孩子懂得帮助别人就是帮助自己，自己所应该获得的是别人对自己的信任和尊重，帮助别人做事是一件快乐的事。

“帮助别人的同时，也是在帮助我们自己。”作为家长，我们要有意识地培养孩子热心帮助别人的好习惯，只有这样，人与人之间才能相互支持，相互帮助，这个社会才会变得更美好。

温馨小贴士

如何才能让孩子热心帮助别人呢？建议做到以下两点：

1. 家长要以身作则。要培养乐于助人的孩子，最重要的就是，你必须以身作则，示范给孩子们看。要是你言行不一，孩子只会模仿你的行为。所以，即使你把原则和指令讲得头头是道，也没有用。

2. 鼓励孩子帮助别人。对孩子而言，要鼓起勇气伸出友谊的手去帮助别人，其实是一件相当不容易的事。所以当孩子做了值得称赞的举动时，适时的鼓励，将可使孩子日后的表现更好。

习惯83 善于听取别人的意见

一个人的智慧是有限的，只有不断地从别人的见解中吸取合理、有益的成分，以弥补自己的不足，才能减少失误，不断发展自己，完善自己。善于倾听别人的意见，是每一个有志者必须具备的品格。

丰子恺先生是中国近代著名文学家、翻译家和美术家。他非常善于听取别人的意见，有时甚至是批评的话，他都会认真听取。丰子恺先生有一句名言："赞美的话不足道，批评的话才可贵。"

一次，有人邀请他画一幅群羊画，他用了一上午的时间，非常认真地画完了，并且感到非常满意。画面上，一望无际的大草原上，绿油油的牧草青翠欲滴；一个人牵着几只雪白的绵羊，每只羊的脖子上都系着一根细长的绳子。

丰子恺将画好的画挂在墙上，正好被给他挑水的青年农民看见了。青年农民一边看画，一边摇头，丰子恺感到很纳闷，难道我画得不好？青年农民笑着说："先生，虽然我不会画画，但是我能看得出来，您的这幅画画得不好！"丰子恺先生更纳闷了，这幅画画了整整一上午呀，还画得不好！

"牵羊的时候，不论几只，只要用一根绳子系着带头的羊，其余的就跟上来了。"青年农民又说。

丰子恺先生恍然大悟，连声感谢这位青年农民提的意见好，并迅速铺开纸，又重新画了起来。

古时候，有很多善于听取别人意见的典型事例，比如唐太宗虚怀若谷，善于纳谏，终成一代名君；齐王接受邹忌的进谏，听取群臣吏民的意见，于是才有"诸侯皆朝于齐"的国势。

然而，现实生活中，有的孩子却总喜欢一意孤行，听不进家长的建议，对别

人提出的善意批评也不能接受。特别是到了初中以后，家长更感到孩子比以前难管了，还特别有逆反心理，听不进家长的话，有时还大吼大叫……

家长要让孩子知道，如果对自己的所作所为只是一概肯定，自以为是，固执己见，那么等待你的只有失败。如何才能避免呢？这就要善于听取别人的意见。

“听君一席话，胜读十年书。”一个人，只有对自己有清晰的认识，善于学习别人的长处，听取别人的意见，知道天外有天，人外有人，强中更有强中手，才能够踏踏实实地去做事，人生才能取得成功。

当然，听取别人的意见，绝非盲目地相信一切人。盲目地相信人和无端地怀疑人，其错误是一样的。应当耐心地倾听他人的意见，认真考虑指责你的人是否有理，有则改之，无则加勉。听取别人的意见，方能集思广益，兼收并蓄，最后创造出辉煌灿烂的宏伟事业。

请记住：**我们只有善于听取别人正确的意见，才能不断进步。**

温馨小贴士

如何培养孩子善于听取别人的意见的好习惯呢？建议做到以下几点：

1. 尊重他人的意见。要告诉孩子，当自己的意见与他人发生分歧时，一定要认真听取他人的意见，从他人的意见中找到自己的不足，然后加以改正。当然，听取别人意见，并不是无条件接受所有意见，听了不同意见要进行分析，对的接受，不对的要委婉地表达自己的观点。

2. 善于听取他人的意见。要教育孩子不能太固执，做事情不要一意孤行，遇事多听听大家的意见，不要等到付出了惨重的代价，才知道悔改。

3. 不能要求孩子绝对听话、唯命是从。虽然，父母的大多数要求和做法是为了孩子而且是正确的，但还是不能忽略孩子的态度和意见。父母应常常鼓励孩子说出自己的想法，使自己的要求更贴近孩子的心理，不要以为“小孩子不懂什么”，孩子长时间不受尊重，就会变得不自信，更别提创新意识与能力了。父母给孩子的建议中为他留有一定的自由，让他感觉到配合父母的建议是快乐的、身心愉悦的，那么他合作的积极性和动力就强；否则，高控制环境下的孩子常常以退缩或者攻击的方式拒绝父母的建议。

习惯84　不取笑有残疾的人

一个人的身体有了残疾，在生活中会遇到很多困难，更需要我们大家的同情与帮助。我们要教育孩子应该尊重有残疾的人，不仅要设身处地为有残疾的人着想，做个有爱心的人，更要学习他们做生活的强者！

星期六，妈妈带着聪聪去超市购物。由于是周末，超市门前人来人往，非常热闹。聪聪像只出笼的小鸟，拉着妈妈的胳膊，缠着妈妈快点儿去给她买心仪许久的文具盒。

在超市门口的角落里，有一个盲人，坐在那里拉二胡，不少人从盲人面前走过，朝他面前的盘子里投一些零钱。妈妈也拉着聪聪来到了这位盲人面前，聪聪看着盲人，想起了老师教育她的话，要尊重残疾人，不能取笑残疾人……

这时，妈妈从衣袋里掏出几元钱，准备放到盘子里，却被聪聪制止住了。妈妈疑惑地看着聪聪，不明白聪聪的想法。直到听盲人拉完一支曲子，聪聪才从妈妈手里拿过钱，弯下腰，轻轻地放到盲人面前的盘子里。

妈妈看着眼前的聪聪，脸上露出了欣慰的笑容。妈妈轻轻地拉着聪聪的手，一边走一边跟聪聪说着："好孩子，知道尊重残疾人了，妈妈真高兴……"

一个人的身体有了残疾，在生活中会遇到很多困难，需要我们大家的同情与帮助。然而，在社会生活中，有的孩子从小受到家庭和社会过多的关爱与照顾，关心帮助他人的意识比较淡泊，甚至有的孩子还嘲笑残疾人，歧视残疾人，讨厌残疾人，看见残疾人直呼他们瘸子、瞎子、傻子，这种时时去揭别人伤疤的行为，是对残疾人极大的不尊重。

我们作为身体健全的人，应该尊重那些身体有残疾的人。古今中外，有许

多残疾人，他们表现出了勇敢与坚强，做出了健康人也难以做到的事，是我们学习的榜样。比如，生活在无声世界的聋哑人，跳出了震撼全世界的舞蹈《千手观音》，她们坚强的毅力、不屈的精神深深地震撼着我们，我们不仅要赞美她们，更要学习她们的精神。

从这些身残志坚的人身上，我们不仅感受到了他们对生活的热爱，而且感受到了奋发进取、不怕困难的拼搏精神，这种精神将鼓舞我们去迎接挑战，走向成功。因为，一个残疾人都能做到的，我们普通人更应该做好。

我们要教育孩子应该尊重有残疾的人，不仅要设身处地为有残疾的人着想，做个有爱心的人，更要学习他们做生活的强者！

请记住：**身体有残疾的人，更需要身心健全的人的尊重。**

温馨小贴士

如何才能让孩子不取笑残疾人呢？建议做到以下几点：

1. 遇到有残疾的人，伸出友爱之手，热心帮助他们解决困难。想残疾人之所想，做残疾人之想做，积极参加助残活动。

2. 主动同有残疾的人沟通，把有残疾的人当作自己的朋友。

3. 看到有残疾的人，不要围观、嘲笑，遇到取笑残疾人的现象时要加以制止和批评，安慰同情残疾人。

4. 我们不仅要在物质上关心、帮助有残疾的人，更要在精神上同情、尊重他们。

习惯85　尊重他人的民族和宗教习惯

我国是一个多民族的国家，许多地方有着不同的宗教信仰和习俗。俗话说："入乡随俗。"孩子到少数民族地区旅游的时候，一定要学习和了解当地的民俗和生活习惯，教育孩子要尊重他们的传统习俗和生活中的禁忌。

火红火红的凤凰花开了，傣族人民一年一度的泼水节又到了。

那天，傣族人民特别高兴，因为敬爱的周恩来总理要和他们一起过泼水节。

早晨，人们敲起象脚鼓，从四面八方赶来了。为了欢迎周总理，人们在地上撒满了凤凰花的花瓣，好像铺上了鲜红的地毯。一条条龙船驶过江面，一串串花炮升上天空。人们欢呼着："周总理来了！"

周总理身穿对襟白褂，咖啡色长裤，头上包着一条水红色头巾，笑容满面地来到人群中。他接过一只象脚鼓，敲着欢乐的鼓点，踩着凤凰花铺成的"地毯"，同傣族人民一起跳舞。

开始泼水了。周总理一手端着盛满清水的银碗，一手拿着柏树枝蘸了水，向人们泼洒，为人们祝福。

傣族人们一边欢呼着，一边向周总理泼水。清清的水呀，带着群众美好的心愿，飞向敬爱的周总理。

那年，周总理已经60多岁了，警卫人员怕总理受凉，赶忙撑起雨伞给他挡水。总理说："不要紧的，要尊重他们的风俗习惯。"说完，他也放下银碗，端起大盆，把一盆盆融合着深情和祝愿的清水泼向大家。

清清的水，泼呀，洒呀！周总理和傣族人民笑着，跳着，是那么开心。

我国是一个多民族的国家，许多少数民族有着不同的宗教信仰和习俗。在生产、饮食、居住、服饰、婚姻、丧葬、节庆、娱乐、礼仪、禁忌等方面，我国各民族有着多种多样的风俗习惯，并且具有十分浓郁的民族色彩。

在日常生活中，一些人由于对少数民族风俗习惯缺乏了解，可能会无意地说出一些侵犯少数民族风俗习惯的话，做出一些伤害民族同胞感情的事情，影响了民族的团结。

俗话说："入乡随俗。"特别是孩子到少数民族居住区旅游的时候，一定要让孩子首先学习和了解当地少数民族的民俗和生活习惯，教育孩子要尊重他们的传统习俗和生活中的禁忌，切不可忽视礼俗或由于行动上的不慎而伤害民族同胞的自尊心，以免招惹不必要的麻烦。只有这样，才能让您的孩子成为一名受欢迎的客人。

温馨小贴士

如何才能让孩子尊重少数民族的风俗习惯呢？建议做到以下几点：

1. 自觉尊重少数民族的风俗习惯，把他们作为一家人。
2. 到一个地方旅游时，要事先了解当地民族的民俗习惯。
3. 要"入乡随俗"，主动适应少数民族的风俗习惯。
4. 孩子的行为不符合民族礼仪习俗时，要诚恳道歉。

习惯86 遇到外宾要热情大方

随着我国改革开放的不断深入，来华访问、交流、经商、游览的外国人越来越多。见到外宾的时候，我们要教育孩子主动问好、打招呼、不扭捏，大方地同外宾交谈，周到地接待他们，热心地帮助他们。

星期天，几位美国客人来到少年宫。

当客人走进彩旗招展的少年宫大门时，正在花园旁做游戏的同学们看到后，便自动地停止游戏，跑过去列队鼓掌欢迎。

客人来到了舞蹈班教室，同学们正翩翩起舞。客人高兴地观看着，有的还给同学们拍照。一曲完毕，同学们马上以热烈的掌声欢迎客人的到来，并很有礼貌地回答了他们提出的问题。当音乐再次奏响时，同学们又专心致志地进行舞蹈练习。

客人又来到书法班活动室，观看了同学们的书法表演。一位同学写下了“中美友好”四个刚劲有力的大字，赠送给客人，并请他们向美国小朋友转达同学们的问候。

休息的时间到了，客人来到了少年宫的花园里和同学们一起做游戏。当客人邀请几位同学合影时，被邀请的同学面带微笑，大大方方走过去，其他同学很有礼貌地站在一边。

临别时，客人都伸出大拇指连声称赞中国小朋友热情、大方、有礼貌。

随着我国改革开放的不断深入，我国的国际威望越来越高，近年来来华访问、交流、经商、游览的外国人越来越多。

在外国客人面前，我们代表的是中国。对外宾热情、大方、有礼貌，是十分必要的。因为，在外国人面前，我们落落大方、彬彬有礼，不仅显示了中国是一

个讲文明有礼貌的国家，而且还可以提高祖国在世界上的威望，外国人会更愿意和我国人民友好往来。

见到外宾的时候，我们要教育孩子主动问好、打招呼、不扭捏，大方地同外宾交谈，周到地接待他们，热心地帮助他们。不要让孩子尾随外国人，围观外国人或对他们指指点点，甚至索取礼物，这些行为都是对外国人不尊重、没礼貌的表现。

中国是礼仪之邦，待客热情、大方、有礼貌是我国人民的优良传统。要想让世界全面地了解中国，就应该把中国的文明礼仪展示给外宾。我们要用自己的言行，树立中国人文明的形象，维护祖国的尊严，为增进同世界各国人民的友谊多做贡献。

请记住：在外宾面前我们代表的是中国！

温馨小贴士

当孩子遇到外宾的时候，建议做到以下几点：

1. 对外国人有礼貌，热情大方。外国客人主动向我们招手、问好时，也要招手致意或鼓掌表示欢迎。

2. 在公共场合见到外国人，不尾随，不围观，不指手画脚。

3. 一般情况下，不接受外国人的钱及其他任何礼物。

4. 在外国人面前不卑不亢，有礼有节。

5. 不要捡拾外国人丢弃的物品，更不能向外国人索取钱物。

习惯87 不私看别人的信件和日记

随意翻看他人的日记和信件，是一种不尊重人的表现。不让孩子私自看别人的信件和日记，首先要从家长做起。

早上，晨晨同学背着书包，无精打采地往学校走去。看着路上三个一群、两个一伙的同学们，晨晨心里真不是滋味。

以前上学、放学的时候，晨晨都是和同班的安安一块儿的，他们两个在一个院里住，又是一个班，两个小伙伴的感情可好了。他们在一起做作业、玩游戏……晨晨一边走一边想着以前跟安安在一块儿的美好时光，心里不禁后悔起来。后悔昨天下午偷看了安安家里的几个日记本。

安安家里有一个小箱子，平时就放在写字台上面，晨晨很想知道里面放着什么东西，就想找个机会打开看一看。下午放学后，他们两个好朋友一块儿在安安家里做作业，趁安安不注意，晨晨抱起小箱子跑进了卫生间。

在卫生间里，晨晨小心翼翼地打开小箱子，里面露出了几个笔记本，还有几封已经拆开的书信。晨晨好奇地翻开笔记本，读了几段日记里的内容后才知道，这是安安爸爸记的日记。晨晨迅速地把日记本放进小箱子里盖好。然后端着小箱子走出了卫生间，迎面正好碰到了安安询问的目光。安安看着好朋友手里端着的小箱子，一切都明白了。

安安走过来，接过晨晨手里的小箱子，轻轻地放回写字台上面。然后转过身，严肃地对晨晨说："晨晨，这个小箱子里装的是我爸爸的日记。老师曾经教育我们，不能偷看别人的信件和日记，你这种行为让我非常看不起你。你快回家吧，我们以后……"

晨晨羞得满脸通红，恨不能找个地缝钻进去。安安后面说的话，晨晨也听不清了，更记不起自己是怎样离开安安家的。晨晨品尝到了偷看别人日记的

苦果。

随着年龄的增长，孩子的生活领域、知识、情感都逐渐丰富起来，自我意识、自尊意识也在不断增强。原先无所顾忌敞开的心扉也渐渐关闭起来，很多孩子有了不愿意告诉他人的小秘密，这些都属于个人隐私，应该受到别人的尊重。所以，不经过同意，我们不能随意翻看他人的日记和信件。

《中华人民共和国未成年人保护法》明确规定：对未成年人的信件、日记、电子邮件，任何组织或者个人不得开拆、查阅。这就意味着家长偷看孩子日记、书信的行为也会触犯法律。所以说，不让孩子私自看别人的信件和日记，首先要从家长做起。

请记住：**信件和日记是个人的隐私，尊重他人要从小事做起。**

温馨小贴士

如何让孩子尊重别人的隐私呢？建议做到以下几点：

1. 不乱拿别人的东西，即使是好朋友的物品，也要先经过允许才能动。

2. 去朋友家玩，不乱翻别人家里的东西。

3. 去老师的办公室，不乱动老师办公桌上的东西。

4. 不因好奇而打听别人私事，知道了他人的小秘密要给他人保密，不乱传。

5. 学会保护自己的隐私，家庭电话号码、父母工作单位、姓名及家里的收入情况都不能随便告诉别人。如果知道同学的一些类似信息，也不要告诉陌生人。

安全好习惯，为拥有幸福人生护航

孩子是祖国的未来和希望，教会孩子保护自身安全，防止意外事故的发生，是社会、学校、家庭共同的责任。“珍爱生命，安全第一。”让我们从孩子身边的每一件小事做起，重视生命，遵守制度，了解常识，拥有平安幸福的人生。

习惯88　上下楼梯靠右行

在中国大陆“上下楼，靠右行”是一条很重要的安全规则。当孩子上下楼梯的时候，要尽可能地靠右行。这样，可以给有急事的人留出一条路来。上下楼梯靠右行，是每天都要经历的事情，其实并不难，难的是长期坚持。

9月1日这天，嘟嘟上学了，他成为一名小学生了，他背着新书包，高兴极了。

一走进教学楼，嘟嘟就发现：学校的楼梯上画着一条黄线，把楼梯分成了左右两边。嘟嘟觉得很奇怪，他挠挠头，自言自语地说：“这条黄线是干什么的呢？”正在这时，几个高年级的同学从楼梯上下来，他们排着整齐的队伍都从黄线的右边走。嘟嘟心想：“哦，原来这条黄线是让同学们上下楼梯靠右行的。他们真傻，这么宽的楼梯只从一边走。要是我才不呢！”

老师讲课真有意思，不知不觉就下课了。同学们走出教室到操场上去活动。嘟嘟走到楼梯上，看到同学们都从右边走，他想：你们都从右边走，我从左边走。想到这里，他快步往楼下走去。一个高年级的同学从右边往上走，嘟嘟正好碰在这个大同学的身上，一步没踩稳，“骨碌碌——”就从楼梯上滚了下去。

嘟嘟被送进医院，经过医生诊断，嘟嘟的胳膊骨折了，头上起了个大包，要在家休息一个月呢。

同学们都来看望嘟嘟，嘟嘟后悔极了，他说：“唉！都怪我不遵守规则，以后，我一定上下楼梯靠右行。”

在生活中，我们经常看到这样的现象：

有的孩子在楼梯内乱跑乱跳；有的孩子上下楼梯不是一个台阶一个台阶

地走，而是一步迈两个或三个台阶；有的孩子上下楼梯追逐打闹，一不小心会绊倒；有的孩子为表示自己勇敢，从最上面的台阶往下跳……

上面的这些动作都是非常危险的，如果摔伤就后悔莫及了。

“上下楼，靠右行”是一条很重要的安全规则。当孩子上下楼梯的时候，一定要靠右行，这样，可以给有急事的人留出一条路来，让他们先走。当每个人都能够遵守规则靠右行时，可以避免自己和他人相撞，心中会有一种安全感。深圳市某小学学生就是因为在上楼时不小心与其他下楼梯的同学相撞，滚到了楼梯下，结果脾脏摔裂被切除，造成了伤残，这是多么惨痛的血的教训。

如果按照上下楼梯靠右行的规则去做，关键时刻会给人以逃生的希望。前几年，美国发生“9·11 事件”时，在那么危急的情况下，逃生的人们都能在楼梯的一侧留出一条道来，让警察们抬着一名孕妇从容走到楼下，就是因为他们一直有着守规则的好习惯。

因此，希望家长朋友们都要做个有心人，告诉孩子为什么要上下楼梯靠右行——为了方便别人，为了不发生冲撞，为了应对紧急情况，这是一个利人又利己的好习惯。

温馨小贴士

在孩子上下楼梯时要注意哪些问题呢？建议做到以下几点：

1. 有秩序地上下楼梯或滚梯，不拥挤不抢道，在楼梯或滚梯上不打闹。

2. 上下楼梯的时候，一定要注意靠右边走。在没有用黄线划分的滚梯上，也要遵循靠右站立的原则。

3. 不要因为赶时间而奔跑；在人多的地方一定要扶好栏杆。

4. 上下楼时不要将手放在兜里；人多时不要在楼道内弯腰拾东西、系鞋带。

5. 与他人共同乘坐滚梯时，要前后纵向站立，不要并肩而立。上下楼梯，也要纵队排列，而不要并排行走。

6. 不能趴在走廊或楼梯的扶栏上，更不要把楼梯扶手当滑梯滑行。

习惯89　课间活动不打闹

课间活动的目的是让孩子们休息一下，利用课间上上厕所，或喝点儿水，或适当开展一些有益的活动，让大脑得到休息，以良好的状态投入到下一节课的学习中去。在课间做了大量的剧烈运动，不仅存在不安全因素，而且会影响孩子下一节课的学习。

下课铃响了，同学们有说有笑地向教室外面走去。好朋友李飞跟在刘强身后，在出教室门的时候，李飞在刘强肩膀上使劲拍了一下，然后笑着跑开了。

李飞从厕所出来后，与同学们一块儿在树荫里玩耍，早已把拍了刘强一巴掌的事忘到了九霄云外。但是刘强却没有忘记，他总想着再拍李飞一巴掌。

刘强蹑手蹑脚地向李飞走过去，但是当他快要接近李飞的时候，却被李飞发现了，李飞哈哈大笑着向远处跑去。刘强见偷袭不成，从地下捡起一块小石头，嘴里喊着“飞毛腿导弹”，同时向着李飞所在的位置扔了过去。李飞躲闪不及，小石头正好打在他的头上，李飞晃了两下，躺倒在了地上。

刘强见李飞躺下了，还以为是他假装的，便独自走开了。当旁边的同学看到李飞头上流出殷红的鲜血时，才大叫着把老师喊了来，老师迅速拨打“120”急救电话，将李飞送到医院抢救，幸亏抢救及时，才没有酿成严重后果。

事后，李飞和刘强这一对好朋友都非常惭愧，后悔没有听从老师的教导，差点造成悲剧的发生。

课间活动时，我们经常看到这样一些现象：一些孩子在楼梯间追逐打闹，在楼梯上拼命地跑上跑下。由于课间活动时间短，全校孩子都在活动，所以说这些孩子的做法存在很多不安全因素。

课间活动的目的是让孩子们休息一下，利用课间上上厕所，或喝点儿水，或适当开展一些有益的活动，让大脑得到休息，以良好的状态投入到下一节课的学习中去。如果在课间做了大量的剧烈运动，反而是不利的。

● 剧烈活动会影响学习。因为，剧烈活动后心跳会明显加速，往往由每分钟70次左右增至120～140次，加快了的心率，常需5～10分钟才能完全恢复。而课间休息时间很短，不可能在剧烈运动后有充裕的时间恢复心率，立即进教室上课，心跳难以很快平静，注意力不集中，影响听课效果。

● 剧烈活动会影响健康。刚经过一节课的学习，大脑处于紧张状态，而腰及四肢肌肉处于静止状态，如果这时毫无准备地去进行剧烈运动，身体很不适应，容易引起运动性创伤。特别是冷天剧烈运动后，大汗淋漓，穿着湿衣服继续上课，还很容易着凉感冒，甚至引发其他严重疾病。

● 课间参加剧烈运动，体力消耗较大，而不少孩子早餐进食少，供给的热量往往不足，到第三四节课时容易出现低血糖反应，出现疲劳、头晕、眼花、记忆力下降等。

那么，下课后待在教室里继续看书或写字好不好呢？也不好。因为，上课时用眼用脑，下课时用眼用脑，接下来还要用眼用脑。这样，眼睛太疲劳容易近视，大脑太累了，到下节课再学新知识时就会受影响。

课间10分钟是比较短暂的，应该让孩子充分利用好这10分钟。下课后，可以让孩子走出教室，呼吸呼吸新鲜空气，散散步，与同学们聊聊，使大脑得到休息；也可以远望，看看绿色的植物，让眼睛缓解一下；还可以和同学们做一些运动量小的游戏，比如：跳绳、踢毽子、跳皮筋、捉迷藏、丢沙包……

课间适量的运动，不仅是人体健康的需要，也是心理健康的需要。希望家长们正确地引导孩子们的课间活动，以调节孩子的精神面貌，促进他们更好地成长与发展。

温馨小贴士

在每天紧张的学习过程中，课间活动能够起到放松、调节和适当休息的作用。作为家长，你可以在家中这样经常地提醒自己的孩子：

1. 下课后尽快去室外。一下课，让孩子迅速收拾好课桌上的书本、文具，然后尽快到室外去。

2. 下课后及时上厕所。下课后，先抓紧时间上厕所，不要等快上课了，才往厕所跑。在厕所要缓步行走，不要慌张、拥挤，防止地滑摔伤和发生拥挤踩踏事故。另外，要帮助孩子养成早晚大便的习惯，以免影响他们课间休息。

3. 课间不做剧烈运动。课间10分钟很短，不可做追逐打闹等剧烈活动，可以做一些运动量不强的活动，如体操、跳绳、爬竿、踢毽子等，让四肢和腰身得到放松，消除困倦和长坐的疲劳。

4. 遵守学校运动设施使用规定。不经老师同意，没有老师在场的情况下，不得私自在秋千、双杠、滑梯等体育运动设施上做危险动作，避免摔伤。

5. 不做危险动作。严禁孩子攀爬教学楼走廊的护栏或在护栏上向下探望。

6. 不轻易外出。课间休息时，如有校外陌生人邀请外出，千万不要轻信，以防被人拐骗。

习惯90　自觉遵守交通规则

自觉遵守交通规则，是每个公民的义务，也是社会文明进步的一种表现。为了自己和他人的生命安全，人人都要自觉遵守交通规则。

有一个叫王小川的同学，过10岁生日时，爷爷给他买了一辆小型自行车。小川特别喜欢骑车，一有空就出去练习，很快就能骑着车子到处跑了。

星期天，同学于小强到小川家里玩，小川就用自行车带着小强在院子里转来转去，感到十分得意。过了一会儿，小川又对小强说："小强，听说书店最近来了一批新书，我带你到书店看看去。"小强说："不行，骑自行车在马路上是不准带人的！""不要紧，只要别让警察叔叔看见就行。"小川说着，已经带着小强到了马路上。

小川骑车如飞，很快就到了一个十字路口，他只想很快冲过去，没注意红灯已经亮了。正在这时，一辆小轿车从侧面开过来了，小川抬头一看，顿时慌了手脚，歪歪扭扭，不知所措，眼看就要撞到汽车上。汽车司机为了躲小川，急忙向一边转向，只听"嘭"的一声，一下子撞在了旁边行驶的汽车上。小川也吓得扶不住车把，摔倒在路边，手上磕破了皮，流出了鲜血。

由于发生了交通事故，很多车辆顿时挤在了一起，围观的群众也越来越多，影响了正常的交通秩序。交警赶来了，他们一边维持交通秩序，一边处理事故。小川和小强站在一旁，看到交警忙碌的样子，想到给别人造成的损失，两人都流下了后悔的眼泪。

关爱生命，关注安全，要从孩子抓起。自觉遵守交通规则是每个公民的美德和义务，每一个孩子都要增强遵守交通规则的意识，做自觉遵守交通规则的模范。可是，在现实生活中，有的孩子误认为遵守交通规则是成年人的事，也有的孩子对交通规则不熟悉,有时会不知不觉地违反了交通规则,比如:有的孩子在马路上追逐打闹,有的孩子乱穿马路,有的孩子过街不走斑马线,有的孩子骑飞车并载人,等等。这些行为是相当危险的,一不留神,就会酿成交通事故。

孩子是祖国的希望,祖国的未来。为了祖国的明天,我们每一个人都要增强交通安全意识,自觉遵守交通规则,珍惜和爱护自己的生命,让我们这个世界少一点哭声,多一些笑声,让孩子们健康快乐地成长。

温馨小贴士

如何有针对性地对孩子进行交通安全教育,使他们养成自觉遵守交通规则的良好习惯呢?建议做到以下几点:

1. 按正确的道路行走。在道路上行走,应走人行道,无人行道时靠右边行走。走路时要集中精力,“眼观六路,耳听八方”,不与机动车抢道,不突然横穿马路、翻越护栏。

2. 学会看红绿灯。过街走人行横道,看红绿灯,红灯停,绿灯行,黄灯亮了等一等;如果没有红绿灯,要先往左看,再往右看注意来往车辆,不进入标有“禁止行人通行”、“危险”等标志的地方。

3. 注意马路安全。不要在马路上追逐打闹,不要在车前车后猛跑过马路。

4. 注意乘车安全。乘坐公共汽车应先下后上,勿争先恐后,勿拥挤抢位,车辆行驶中不得把身体伸出窗外。

5. 骑自行车要注意安全。《未成年人保护法》规定,未满12周岁的儿童不准在道路上骑自行车。如果骑自行车时,不准双手离把或手中持物,不准骑自行车带人;骑车时不要与机动车辆抢行;转弯时,应放慢车速,向后张望,伸手示意行驶方向。

习惯91　人多的地方别拥挤

"有秩序，才能有安全"。人多的地方不故意拥挤，是对每个人的最基本的要求。每一个孩子都应该从小养成自觉遵守公共秩序的好习惯，做到人多不拥挤，这不仅是社会文明的要求，也是一项法律义务。

某校晚自习下课的铃声刚刚响起，学生们就纷纷从各班教室里奔出来，争先恐后地向楼梯口跑去，不少同学嘴里高喊着："噢，下课了！""回家了，快跑啊！"整个楼梯内乱成了一锅粥。

不一会儿，整个楼梯上都挤满了人，后面的同学嫌前面的同学下楼太慢，拼命向前推挤，前面的一排同学经不住后面的挤压而被推倒在地，后面的同学身不由己地压上来。

于是，惨剧发生了：压死（踩死）小学生8人，压伤十几人。可见，人多地方拥挤的后果有多严重。

在学校或者人群比较多的地方都或多或少地存在一些安全隐患，非常容易发生拥挤踩踏事故。在行进的人群中，如果前面有人摔倒，而后面不知情的人若继续向前行进的话，那么人群中极易出现连锁倒地的拥挤踩踏现象。

此时，如果孩子正好置身在这样的环境中，就有可能受到伤害。因此如何让孩子判别危险、离开危险境地、在险境中进行自我保护，就显得非常重要。

有一句话叫作"有秩序，才能有安全"嬉戏打闹是孩子的天性，在人多的地方要遵守公共秩序，特别是在楼道里、楼梯上、电影院里等公共场所打闹是很危险的。而且孩子们都有这样的心理——很多人一起往前挤，觉得很好玩，但是这样是很危险的。所以要教育孩子尽量避开拥挤的人群，平时尽量不要去人多拥挤的地方。

人多的地方不拥挤，是对每个人最基本的要求。每一个孩子都应该从小养成自觉遵守公共秩序的好习惯，做到人多不拥挤，这不仅是社会文明的要求，也是一项法律义务。

温馨小贴士

当孩子在人多的地方发生拥挤时，那该怎么办呢？建议做到以下几点：

1. 要观察人流方向。当发觉拥挤人流向孩子拥来时，应该马上避到一旁。比如，躲到楼梯的拐角处，或是抓住楼梯扶手，不要奔跑，以免摔倒。

2. 挤在人流中时一定要站稳脚跟。在拥挤的人群之中，一定要让孩子先稳住双脚，尽量紧紧抓住楼梯扶手等坚固牢靠的东西。不要逆着人流前进，那样非常容易被推倒在地。

3. 不能捡拾东西。发生拥挤时，一定不要让孩子弯腰捡拾东西。即使鞋子被踩掉，贵重物品丢在地上了，也不要贸然弯腰捡拾。

4. 学会保护身体。若孩子被推倒，要设法靠近墙壁。面向墙壁，身体蜷成球状，双手在颈后紧扣，以保护身体最脆弱的部位。

5. 要做到自觉排队。到公共场所办事情时，如车站买票、银行存款、餐厅打饭等，要做到自觉排队，有秩序地进行。需要交谈时，不能站在道路当中或人多拥挤的地方。

习惯92 公共场合讲秩序

公共秩序是维护社会安定，使公共生活得以正常进行的保证。公共秩序代表了大家的共同要求、愿望和共同利益，是社会文明的标志，是一个人有道德的表现。只有大家都自觉遵守公共秩序，我们才能有一个秩序井然、安定文明的社会环境，我们的生活才能正常进行。

星期六上午，小刚带着五香炒瓜子，高高兴兴地去电影院看电影。电影院里正在播出影片《闪闪的红星》，学校号召同学们利用周六、周日去观看。

小刚来到影院门口。嗬！来看电影的同学还真多啊，售票窗口排起了长长的队伍。小刚从队尾一直看到售票窗口，终于看到了本班的一个同学。他快步挤到那位同学身边，把钱递了过去，笑嘻嘻地说："快，给我捎一张。"话音刚落，后边排队的同学都向他投去了鄙视的目光，还有的同学在低声嘀咕，"哼，哪个学校的？真不讲道理，一点儿也不讲秩序……"小刚就像没听到一样，仍在等着那位同学给他买票，那位同学没办法，只好捎带着给他买上，两个人一块儿进了放映厅。

影片很精彩，同学们都看得很入迷。唯有小刚，不停地嗑着瓜子，影响得周围的同学无法专心观看影片。同班同学实在忍无可忍了，压低声音对他说："你今天表现太不好了，先是买票不排队，这也就罢了。看电影时还吃瓜子，发出这种声音，搅得别人无法看下去。周一上学时，我一定要告诉老师。"

小刚听了这话，看了看周围同学愤怒的目光，不好意思地低下了头。

公共秩序，是公共场所的行为规则，是人们在公共场所正常活动的需要，是社会生活正常进行的重要保证。它反映了人们的共同要求和愿望，代表了

绝大多数人的共同利益，也是社会文明的标志。

什么是公共场所和公共秩序呢？公共场所是人们共同生活、学习、娱乐、交往的地方；人们在公共场所长期活动中形成的一系列行为规则，就是公共秩序。比如，车站有乘车秩序，商店有购物秩序，医院有医疗秩序，公园有游览秩序，图书馆有阅览秩序，等等。

如果有人不遵守甚至破坏公共秩序，轻者造成别人的反感和不安，重者会造成严重的社会后果。所以遵守公共秩序，是关系到维护国家和公共利益的大事，是每个社会成员的义务和责任。

良好的秩序是一切美好事物的基础。不遵守规章制度的人，就不能得到自由。只有大家都自觉遵守公共秩序，我们才能有一个秩序井然、安定文明的社会环境，我们的生活才能正常进行。希望家长都能严格要求孩子，让他们从小就争做文明小顾客、文明小乘客、文明小观众、文明小游客，长大以后成为一个遵纪守法的合格公民。

温馨小贴士

维护公共秩序，从身边的小事做起。在公共场合，建议家长教育孩子自觉做到以下几点：

1. 做文明小顾客。到商场、超市等公共场所购物时，要讲秩序，交款时要主动排队等候。

2. 做文明小游客。参观游览守秩序，瞻仰烈士陵墓保持肃穆。自觉遵守当地的风俗习惯和有关政策，不在景点乱写乱画，乱丢垃圾。

3. 做文明小观众。观看演出和比赛时，主动买票，准时入场，不要迟到，以免影响其他观众。要记住摘下帽子，避免挡住后面观众的视线。在场馆内尽可能不吃零食，不随地吐痰，不乱扔果皮、纸屑。当看到精彩之处时可以鼓掌，不能吹口哨、怪声喊叫，结束时鼓掌致意。

4. 做文明小乘客。乘坐车、船时主动购票，排队上车，自觉地给老、幼、残、孕让座，不大声喧哗，不打扰司机，注意保持安静。

习惯93 不轻易给陌生人开门

害人之心不可有，防人之心不可无。当孩子独自在家时，一定要让孩子注意安全，学会保护自己，千万不要轻易给陌生人开门。如果遇到特殊情况，也要等到问清楚后再开门。

星期天早上，爸爸妈妈出门了，只有小华一个人在家。小华正认真地做作业，突然听到了“咚咚咚”的敲门声。

小华刚要去开门，马上想起了妈妈平时叮嘱过的一句话“当陌生人敲门时，千万不要开门”。他连忙把手缩了回来。

“咚咚咚”，敲门声又响起来了。小华赶紧搬来一把椅子站上去，从“猫眼”里向外一瞧，只见门口有一位叔叔，以前从没见过。

小华心想：如果那个人是坏人怎么办？小华的心就像十五只吊桶打水——七上八下。于是，他大声地问：“您是谁？来干什么？”

陌生人答道：“我是你爸爸的朋友，你爸爸有样东西忘拿了，让我送过去。”难道他真的是爸爸的朋友？要不要开门让他进来呢？不行，妈妈说过，遇事要多动脑。

小华又问：“你知道我爸爸的电话号码是多少吗？”“我和你爸爸是老朋友了，他以前的电话号码我知道，但现在的号码我不知道。”咦，老朋友怎么不知道爸爸的电话号码呢？更何况爸爸的手机号从来就没有换过。这个人肯定不是好人，小华的心跳越来越快。

小华灵机一动，问道：“你叫什么名字？电话号码多少？我马上给爸爸打电话。”陌生人一听，停顿了一段时间，一句话也没有说出来。后来，他只好灰溜溜地走了。

好险哪！小华心中的一块大石头终于落了地。他又安心地做起作业来。

年幼的孩子大都天真活泼，心地善良，但是缺少行为判断的能力。一些坏人往往利用孩子戒备不足、警惕性差、容易哄骗的特点，骗取小朋友信任后实施犯罪。

当孩子独自在家时，一定要让孩子注意安全，学会保护自己。如果有人叫门，不能轻易开门，先问清是谁。如果来人强行进门，则应大声呼救；如果陌生人还不离开，可以打电话给邻居或报警。

俗话讲，“害人之心不可有，防人之心不可无”，我们对孩子从小就要进行自我保护教育，这也是一种素质教育。

请记住：**如果孩子独自在家，告诉孩子不要轻易给陌生人开门。**

温馨小贴士

当孩子一个人在家时，如果遇到陌生人来访，应该教育孩子怎么办呢？建议做到以下几点：

1. 关照孩子关好门窗，如有人敲门，要从“猫眼”看清来客是谁，再决定是否开门。

2. 如果有人以收电费、修理工等身份要求开门，可以说明家中不需要这些服务，劝其离开。

3. 遇到陌生人不肯离去，坚持要进入室内的情况，可以声称要打电话报警，或者到阳台、窗口高声呼喊，向邻居、行人求援，以震慑迫使其离去。

4. 如果来人声称是家长的同事，并能叫出名字，也要提高警惕不能开门，但可以问他有什么事，记下来告诉家长。

5. 如果陌生人还在继续纠缠，就打电话给家长、邻居或报警。

习惯 94　不玩危险游戏

小孩子天性好动，互相嬉笑、做游戏是常事。孩子们在课间做游戏可以起到增长知识、锻炼身体的作用。但是，有一些游戏非常剧烈，甚至非常危险，如果在课间做这些游戏，不仅起不到增长知识、锻炼身体的作用，而且还会对身体造成伤害。

一天放学后，某小学两名学生小乔和小王在学校操场一起玩耍。小王把小乔当作靶子，取出自制的小弓箭，放上小木棍玩射击游戏，玩得特别开心。

可是，就在小王对小乔射第三箭时，悲剧发生了！尖尖的小木棍"嗖"地往前飞去，一下击中了小乔的右眼，小乔捂着眼睛疼得在地上打滚，鲜血不停地从眼睛里流出来，小王吓得目瞪口呆，赶紧去找老师。

老师们赶来后，立刻把小乔送到了医院，医生竭尽全力进行抢救治疗，可是因为伤势严重，虽然花费医疗费6万余元，小乔的那只眼睛始终没有治好，几乎看不见任何东西，造成了终生残疾。

中小学生，每节课后安排10分钟的休息时间，为的是让学生的大脑有所放松，精神上得到适当的调节，以更充沛的精力上好下一节课。

小孩子天性好动，互相嬉笑、做游戏是常事，孩子们在课间做游戏可以起到增长知识、锻炼身体的作用。但是有些游戏非常危险，如果在课间做这些游戏，不仅起不到增长知识、锻炼身体的作用，而且还会对身体造成伤害。

但是，有些孩子年龄尚小，对一些游戏的危险性估计不足，极易造成对身体的伤害，有时这些伤害还会留下终生的遗憾，因此家长要经常教育孩子不玩危险游戏。

再者，孩子们早餐一般进食较少，如果参加剧烈运动或玩危险游戏，会消耗过多的能量，即使游戏过程中不出现危险，也会导致能量供给不足，到第三四节课时，会容易出现低血糖反应，出现疲劳、头晕、眼花、记忆力下降，不但影响学习，而且损害健康。

在课间应让孩子做些比较健康的游戏，如做操、跳绳、呼啦圈、打乒乓球、抖空竹等；还可以让孩子在课间到室外去呼吸新鲜空气，舒展一下身体，做一些比较舒缓的运动。这样，就会都有利于孩子的身体健康和学习效率的提高。

温馨小贴士

怎样让孩子养成不玩危险游戏的好习惯呢？建议做到以下几点：

1. 经常给孩子讲一些危险游戏导致悲剧的案例。案例分析是一种教育孩子的好方法。通过案例分析的方法对孩子进行教育，能够引起孩子浓厚的兴趣，便于孩子牢记于心。遇到类似的情况时，孩子就能回忆到家长曾经讲过的悲剧，而自动停止做一些危险游戏。

2. 让孩子知晓人身体的危险部位。人体有些部位是非常脆弱的，作为家长要让孩子知道这些危险部位，在做游戏时一定要特别注意。人身上有三个危险部位：一个是眼睛；第二是脾脏；三是男孩子的睾丸。家长要教育孩子注意保护这几个地方，避免悲剧发生。

3. 教育孩子开玩笑要适度。孩子年龄小，缺乏安全知识，玩笑没有深浅，容易发生危险。如，有些孩子开玩笑，等同学要坐下的时候抽椅子，使同学摔屁股等。

习惯95 不损坏电信、交通等公用设施

古人云："勿以善小而不为，勿以恶小而为之。"公用设施是全民共有的财产，对它爱护与否体现了一个人的公德与修养。我们每一个人都应该把公用设施当成自己的家来爱护，而不是随便破坏。当家长的，应该从小就培养孩子具备这种美德。

一天下午，陈浩做完作业想去楼下给妈妈打个电话。

这时陈浩看见同班的同学赵栋在破坏IC卡电话。赵栋先从一棵树上摘了一片叶子，使劲往插卡的地方塞，接着又抓了一把小草，把小草一根一根地插进话筒的通话孔中，然后又把话筒往墙上砸，砸了还不够，又在电话上乱按。

这时，陈浩胸中涌起一股怒气，就急匆匆地跑到他面前，愤怒地问他："喂，你在干什么？"赵栋见了陈浩，想要逃跑，陈浩一把抓住了他。

陈浩克制住心里的愤怒，尽量和气地对他说："赵栋，你如果把IC卡电话给弄坏了，那会带给我们多少不方便呀！"

赵栋说："IC卡电话又不是一个很重要的东西，为什么我不能玩呢？"

陈浩对他说："报纸上说，石狮市某路段的14台公用IC卡电话机全被砸毁了，造成通信线路中断，直接损失近十万元呀。你看看，这虽只是一台小小的IC卡电话，可是它也是公共财物啊，是带给我们方便的，不能损坏呀。"

"我不信，一个小小的IC卡电话，怎么可能造成通信线路中断，直接损失近十万元呢，你一定在骗人。"赵栋怀疑地说。

陈浩告诉他："如果有的人家里着火了，路过的人看见了，想去打电话叫消防员来灭火，而那一台IC卡电话正好被你给破坏了，那不是损失很大吗？还有，有人的钱包被小偷抢走了，那个人去追，过路的人见了一定会去打电话，而那个电话又刚好被你破坏了，那不正好让小偷逍遥法外了吗？你看一个小小的IC卡电话，能给我们带来多少方便呀，所以你不能破坏它。”

赵栋听了羞愧地低下了头，说：“我明白了，谢谢你。”

公用设施是指为市民提供公共服务的各种公共性、服务性设施，按照具体的项目特点可分为教育、医疗卫生、文化娱乐、交通、体育、社会福利与保障、行政管理与社区服务、邮政电信和商业金融服务等。如，车站、码头、公园里的椅子可供人们休息用；废物箱让人们丢废纸及果皮等；邮筒为大家寄信提供方便；设消防龙头是为了一旦发生火灾，便能马上打开供水等等。

然而，在街上随意走一圈，你会发现不少让人心痛的场景：垃圾桶盖不翼而飞、健身器材“缺胳膊少腿”、IC卡电话遍体鳞伤……公共设施屡遭破坏成为城市难以治愈的伤口。

爱护公物，是社会公德的重要内容，也是社会文明的具体体现。在现实生活中，面对“长明灯”“长流水”，对于浪费和破坏公物的行为，不能视而不见、无动于衷。

“惩罚是对正义的伸张。”出于对社会的热爱，我们有责任随时随地同侵占、损害、破坏公物的行为做斗争。当家长的，应该从小就培养孩子具备这种美德。

只要我们每个人都像爱护自己的眼睛一样爱护公用设施，杜绝损坏公物的行为，那么我们这个世界会变得更加和谐美好。

请记住：保护公共设施，是我们每一个公民的责任。

温馨小贴士

怎样让孩子养成不损坏电信、交通等公用设施的好习惯呢？建议做到以下几点：

1. 首先从爱护校园的公用设施做起。校园是教书育人的地方，首先要让孩子爱护校园内的公用设施。有些学校五花八门的“课桌文化”是校园内的一种独特现象，一张张伤痕累累的课桌上留下了莘莘学子的即兴之作，或诗，或词，或画。因此，家长首先要教育孩子爱护校园内的公用设施，使孩子拥有公德之心。

2. 教育孩子爱护场馆的公用设施。家长有时会带孩子去体育馆看体育比赛、去电影院看电影、去展览馆看展览等，要充分利用这些机会，教育孩子爱护公用设施。在与孩子共同相处的时间里，家长一定要做好孩子的表率，同时还要抓住机会教育孩子，在公共场所严格要求自己，不翻越、蹬踏坐椅，不在地面及墙上乱写、乱画、乱刻，不在售票厅、体育馆等场所拥挤争抢。

3. 教育孩子爱护游乐健身设施。游乐健身设施是为人们健身游玩设计的，家长带孩子去使用相关设施时，要教育孩子参照器械的使用说明进行健身，同时家长要做好陪同和指导，当看到故意破坏设施的行为时，要加以制止和举报。长此以往，孩子就会自觉爱护公用设施。

4. 充分利用与孩子一块坐公交车的机会进行教育。公交车是城市的一道风景线，然而，现在不少公交车都遭到了不同程度的破坏。家长要利用这些活教材，教育孩子爱护公交设施，做到不毁坏车内装饰，不毁坏坐椅、扶手，不乱刻乱画，不随地吐痰，不乱吐口香糖，不乱扔废弃物。

习惯96 不私自去河塘游泳

游泳是孩子们喜爱的健身活动和体育运动项目，但游泳一定要注意安全，尤其注意不能私自去河塘游泳，否则不仅达不到增强体质的目的，甚至还可能带来意外事故，小则造成险情，大则丧失生命。

2008年暑假的一天，扬州公道镇某中学4名学生相约来到村东的一个河塘游泳。池水清澈，周围是一片秧田，河塘的浅水区依稀还能看见水底。4名少年脱了衣服，下水游泳嬉戏，他们先是在河塘的浅水区玩。浅水区的水深约1.4~1.5米。大约过了十几分钟后，其中的两少年脚下一滑，一下子滑进了池塘水底的洼地。

当地人知道，这池塘水底地形复杂，池塘中间有一处水很深的洼地，水深约有四五米。两个少年一前一后滑进池塘水底洼地，在水中挣扎起来，另外两少年中的一人立刻上来试图拉住他们，但一把没拉住，自己还险些滑下去，这时在水中挣扎的两少年开始滑向深水区，情况变得越来越危急。

“快救人呀！有人滑到洼地里去了。”两少年急得大喊起来，其中一人在水中捞了一阵后上了岸，另一人则飞奔到附近的村庄上去喊人。村上的人赶紧报了警。7分钟后，民警赶到了现场。这时，河塘边已跑来几位村民，他们手中拿着竹竿，竹竿前端绑着钢筋做成的钩子正在浅水区努力打捞着。

很快，一名少年被打捞上来，但他因为溺水时间过长，已经面色苍白，瞳孔放大，生命体征微弱。人们七手八脚地把溺水少年抬上车，警车鸣着警笛一路飞驰着开往医院。下午四时多，另一名少年也被打捞上岸。经过当地医院的奋力抢救，两少年都因溺水时间过长，没有能挽回生命。

读了上面这则报道后，我们的心情很沉重，两条鲜活的生命就这样消失了，多么令人痛心！所以我们一定要加强安全防范，孩子游泳时，大人应在一旁监护，避免事故的发生；小孩要游泳，应该由成年人带领。

游泳是孩子们喜爱的健身活动和体育运动项目，但一定要注意安全，尤其注意不能私自去河塘游泳，否则不仅达不到增强体质的目的，甚至还可能带来意外事故，小则造成险情，大则丧失生命。

有的家长虽然也经常向孩子们讲安全知识，但孩子有时还是常常因贪恋玩水，忘记了家长的忠告。所以孩子游泳时，家长必须随时留意，以确保孩子的安全。即使孩子学会了游泳，或者所在的区域看起来比较安全，家长还是最好时时将视线放在孩子身上，这样，才能在情况发生之初立即采取行动。

温馨小贴士

怎样让孩子养成不私自到河塘游泳的好习惯呢？建议做到以下几点：

1. 让孩子明白私自到河塘游泳存在的安全隐患。要有意识地给孩子讲一些到河塘游泳发生的悲剧，引起孩子的高度警惕。

2. 家长要加强监督。假日里，家长要对孩子加强监督，不能让孩子在没有成年人陪伴的情况下到河里或水库里游泳，以免发生溺亡事故。即使有家长带领孩子游泳，也必须先做好水情和潜在危险的探测，并带上安全设备。

3. 对孩子进行安全教育，并做到反复提醒。在孩子外出或与同学朋友一起玩耍时，家长一定要进行安全教育，特别要告诫他们远离池塘、水库和情况不明的河水，防止恶性事故的发生。

习惯97 燃放烟花爆竹要当心

节日燃放烟花爆竹，增添节日气氛是我国的传统习俗，然而，燃放烟花爆竹如果不小心，可能会对身体造成严重的伤害。孩子是祖国的未来、家庭的希望，作为家长要高度重视孩子燃放烟花爆竹的行为，切不可疏忽而酿成悲剧。

放寒假了，小伙伴们特别高兴。明明和鹏鹏约好下午一起出来玩。

“明明，你猜我带来什么好玩的？”鹏鹏边说边从口袋里拿出一串东西。“鞭炮！”鹏鹏吃了一惊，“老师说燃放鞭炮很危险，容易伤着自己，有时甚至会引起火灾，我们还是玩别的吧！”鹏鹏认真地说。

“没关系，你是不是害怕了？不用你放，看我多厉害！”说着鹏鹏把鞭炮拿在手上，拿出打火机，将引线点着了。

“危险！”明明大声喊。

鹏鹏看着引线燃得太快慌神了，一着急把鞭炮扔了出去，鞭炮落在了不远的草堆上，草垛被点着了。

“着火啦，着火啦，快来救火啊！”明明边跑边喊，大人们听到了都赶来了，大家赶紧把火扑灭了。站在一旁的鹏鹏羞愧地低下了头。

不少家长认识不到燃放烟花爆竹的危害性，随随便便给孩子买上一堆，让孩子自己由着性子燃放。伤害孩子身体，引燃房屋，毁坏物品的事故时有发生。

依法燃放是我们的权利，文明燃放是我们的义务。作为家长，如果想满足孩子燃放烟花爆竹的欲望，首先就要到合法的销售网点购买烟花爆竹。因为现在的烟花爆竹进货渠道不一，产品质量得不到保证，如果随便购买，容易购

买到质量不稳定的烟花爆竹,在燃放中产生危险。

孩子是祖国的未来,家庭的希望。烟花爆竹,给我们带来了短暂的快乐,给环境留下了永远的伤痛。作为家长要高度重视孩子燃放烟花爆竹的行为,珍惜生命和健康,安全燃放烟花爆竹,切不可疏忽而酿成悲剧。

温馨小贴士

怎样让孩子安全燃放烟花爆竹呢?建议做到以下几点:

1. 正确选择烟花爆竹的燃放地点。燃放烟花爆竹,别忘给他人休息空间。教育孩子,千万不要在繁华街道、剧院等公共场所和山林、有电的设施下以及靠近易燃易爆物品的地方燃放。燃放烟花爆竹要遵守当地政府有关的安全规定。

2. 教给孩子正确的燃放方法。烟花的燃放不可倒置。吐珠类烟花的燃放最好能用物体或器械固定在地面上进行,若确需手持燃放时,只能用手指掐住筒体尾端,底部不要朝掌心,点火后,将手臂伸直,烟花火口朝上,尾部朝地,对空发射。禁止在楼群和阳台上燃放。喷花类、小礼花类、组合类烟花燃放时,平放地面固牢,燃放中不得出现倒筒现象,点燃引线人即离开。燃放旋转升空及地面旋转烟花,必须注意周围环境,放置平整地面,点燃引线后,离开观赏,燃放手持或线吊类旋转烟花时,手提线头或用小竹竿吊住棉线,点燃后向前伸,身体勿近烟花。爆竹应在屋外空处吊挂燃放,点燃后切忌将爆竹放在手中,双响炮应直竖地面,不得横放。

3. 燃放烟花爆竹绝对不能使用明火点燃。燃放烟花爆竹时,尽量使用香支,不可使用火柴、打火机引火点燃。因为,明火若遇风,易出现火苗不稳定,引线被点燃的位置不易控制,容易引发危险;同时,引线喷出的烟火可能会在短距离内灼伤他人,如果可能应让孩子佩戴护目镜,保护好眼睛。

4. 妥善处理燃放后的烟花爆竹空筒、碎屑。作为家长,要让孩子知道,对于已经点燃而没有爆炸的烟花,千万不要再点火,更不许伸头、用眼睛靠近观看,也不要马上靠拢烟花,要过15分钟后再去处理。教育孩子不要随便去捡拾燃放后的烟花爆竹空筒、碎屑。因这些残留物中,可能留有一些熄引的鞭炮,或残余火药,非常容易发生二次爆炸,对孩子造成伤害。

习惯98 不迷恋电视和网络

电视和网络已经成了现代人生活中必不可少的一部分。欣赏精彩的影视节目，孩子的品位会得到提高；操作电脑还可以读书、听音乐、绘画、交友等。我们在合理利用电视和网络优势的同时，要杜绝孩子迷恋上电视和网络而不能自拔。

黄沙是一名15岁的男孩，正好是花季的年龄，应该在学校里无忧无虑地读书，可他已经辍学很长时间了。

家里人从小就比较溺爱黄沙，要什么有什么。在家里，爷爷奶奶、爸爸妈妈什么都替他做了，他没有洗过一双袜子，也没有扫过一次地。为了打发时间，黄沙爱上了电脑，爱上了网络。

刚刚接触电脑时，他只会简单地操作，就跟着朋友们打起了游戏，没想到立刻被电脑游戏所吸引，从此便一发不可收拾。在以后的日子里，他去网吧的次数越来越频繁，每次都是别人一叫，他就跟着一起去，上课的时候无心听讲，脑海中都是游戏的画面，下了课就和同学一起讨论打游戏的经验。他也曾想过要学习，但总是控制不住自己，满脑子里全是游戏。

有一次，黄沙又在网吧上网，被母亲抓到了。母亲当着大家的面狠狠地指责他，还生气地说要和他断绝母子关系，可没过几天，黄沙又忍不住去了网吧，依然沉浸在网络游戏的打打杀杀之中。母亲无奈地把家门上了锁，把黄沙关在门外。黄沙觉得这是在暗示他不必回家，又扭头钻进了网吧。为了报复母亲和可以有更多时间打游戏，他再也不上学了。

黄沙的人生道路还很长，但是黄沙似乎看不到生活的路在哪里！这一切，都是因为网络！

对现在的孩子来说，利用电视和网络是十分必要的，它能丰富孩子的知识，使其更好地认知社会。

但是，电视和网络并不是只能给孩子带来春雨和阳光，也会给孩子的生活带来许多危害。

每天长时间收看电视，会使孩子变得消极和缺乏创造力。因为孩子在电视机前不需要做任何事，甚至不用思考，只是让电视画面从眼前溜过。为了使电视观众跟上电视情节，电视镜头转换时间一般在几秒钟以内，几乎使人们没有空余的思索时间。

看电视消耗了孩子们做其他事情的时间。过多地看电视也就意味着孩子很少活动和参加体能锻炼，也很少有发展其他爱好、友谊和社交能力的可能性。

最新的研究发现，长时间看电视的人会如同上瘾般疯狂迷恋其中。当电视节目开始时，这些人就会感到放松，一旦电视关了，他们就会精神紧张，始终还想回到电视机旁守候它。

同样，网络虽然可以丰富孩子的生活，但是过分地放纵，也会害了孩子。

某城市的一名初中女生，在网上认识了一个姓李的男青年，两个人频繁在网上聊天，谈得十分投机，很快产生了“爱情”，并且有一种相见恨晚的感觉。于是两个人约定见面，等见面以后才发现，对方根本就不是在网上自称的白领，而且品行十分差。这个女生就如同羊入虎口，被男青年抢光了身上所有值钱的物品。

对于绝大多数网络游戏迷来说，游戏只是游戏。但是，玩网络游戏上瘾，甚至到了难以与真实世界相区分的程度，就是一种病态。

可见电视和网络并不是只会给孩子们带来明媚的春光，也四处暗藏着危机。作为家长有必要帮助孩子把握看电视与上网的度。

怎样才能让孩子不迷恋电视和网络呢？建议做到以下几点：

1. 创造合适的看电视和上网环境。对于年龄小的孩子来说，电视和网络有各种各样的诱惑，所以家长最好不要让孩子单独看电视或上网。电视最好放在客厅，电脑最好放在家庭公共休息室，这样便于家长及时地管理。同时也要给孩子一个比较宽松的环境，不要一看见孩子看电视或进了聊天室就觉得如临大敌。

2. 丰富孩子的课余生活。电视和网络之所以让孩子沉迷，往往与他们的课外生活贫乏有关，因此，引导孩子养成广泛的兴趣，尤其是热爱户外运动，是至关重要的。

3. 制订好看电视和上网规则。家长要和孩子达成看电视或是上网协议，比如，每天看电视多长时间，使用网络多长时间，不能观看不健康节目，不能泄露个人与家庭的秘密等。

4. 让孩子做一些具体的事情。现在的电视上有许多知识性的节目，可以有选择地让孩子观看。同样，现在网上的论坛也很多，几乎生活中的各种问题都能解答。家长可以给孩子布置一些课题，让孩子通过网络来寻找答案，这样孩子在上网的时候，就会有针对性。

5. 告诉孩子网上交友要谨慎。家长如果一味阻止孩子去见网友，或者不准孩子和网友交流，孩子肯定是不愿意的。要和孩子好好地进行一下沟通，让孩子知道，网络是虚拟的，里面各式各样的人物不一定都以真面目示人，在交友的时候一定要慎重。家长经常这样和孩子沟通，就可以了解孩子的心理动态。

习惯99 遇到危险要沉着冷静

自我保护是避免危险的必备能力，沉着冷静是摆脱危险境地的唯一法宝。作为家长，如果只想到怎样保护自己的孩子，这是不够的；教会孩子怎样保护自己，教他经受得住危险的袭击才是最重要的！

一天下午，10岁的琪琪拿了10元钱，出门到对面的小超市去买练习本。

在小超市门口，琪琪遇到了两个30多岁的男子。他们对琪琪说："你妈妈有点事情让我来接你，走吧，车就在这里。"说着，就把她抱进了汽车后座。这时，琪琪明白过来了，自己可能被坏人绑架了。

琪琪想起老师讲过遇到坏人要沉着冷静，然后想办法脱险，她就装作已经被吓呆了的样子，脑子却在飞快地转着想主意。也许是看到琪琪老老实实听话地坐着，这两个人贩子没有将琪琪的手脚捆上，自顾自开车、聊天。

车子开出一段路后，那两个人下车去买水喝，前面的车门没有关。琪琪爬到前座，轻轻地从前门逃了出去。一下车，琪琪马上跑向路边最近的一个公共汽车站，跳上了一辆公交车。

上了公共汽车，琪琪这才觉得自己安全了些，不过对于自己在哪里，怎么样才能回家，她却一无所知。公共汽车到终点站后，琪琪找到了警察叔叔，把家庭住址和父母的电话以及事情的经过告诉了警察叔叔。

警察叔叔马上出警抓住了那两个人贩子，把琪琪送到父母身边，夸赞琪琪是一个机智、勇敢的好学生。

青少年是祖国的未来和民族的希望，更是一个特殊的群体。他们已经不喜欢爸爸妈妈事无巨细的关心呵护，而是将自己看成"大人"，渴望"自由"，向往着独立的生活。可是，这个年龄段的孩子虽然已经具有一定的生存能力，但仍然不能够“独闯江湖”，而且，生活中、社会上时有发生的各种危险情况，需要他们调动智慧沉着冷静。

当前，很多年轻的家长对自己的孩子倾注了全身心的爱，寸步不离地保护孩子，唯恐孩子“闯祸”或遭遇不测。但有些事情的发生却是家长无法预测的。明智的做法，就是平时注意培养孩子自我保护的意识和能力，一旦遇到危险，能够自救或救人。

家长可以利用暑假，让孩子放下书包，从题海作业中解放出来；让孩子走出钢筋水泥，去亲近溪水丛林；走进大自然，去进行生存训练和生活锻炼。作为家长应该明白，让孩子学会游泳远比学会书法重要，学会紧急避险远比解答一道数学难题重要，学会遵守交通规则远比学会弹钢琴重要，学会生火做饭远比上特长班重要……

家长要告诉孩子：遇到危险时，不能惊慌，而要沉着应对，惊慌失措往往会使情况变得更糟，而沉着冷静却能化险为夷。

自我保护是避免危险的必备能力，沉着冷静是摆脱危险境地的唯一法宝。作为家长，如果只想到怎样保护自己的孩子，这是不够的；教会孩子怎样保护自己，教他经受得住危险的袭击才是最重要的！

温馨小贴士

怎样才能让孩子学会遇到危险沉着冷静呢？建议做到以下几点：

1. 要让孩子学会自我防范。家长要注意培养孩子的自我防范意识，利用聊天、讲故事、看电视等方式，深入浅出地向孩子讲明社会的复杂性；教育孩子，虽然外面的世界看起来很精彩，但精彩中潜伏着危机，让孩子不要听信陌生人的话或吃陌生人给的东西，不要随便跟陌生人走等。

2. 经常给孩子讲解安全常识。生活中，很多家长只知道给孩子定下种种规矩，不准这样，不准那样，却没有从安全的角度说清楚这些规矩的缘由。不理解这些规矩的缘由，孩子在好奇心和逆反心理的驱使下，就不可能严格按照家长定下的规矩去做，就容易遇到各种危险而无法从容处置。

3.经常给孩子讲一些典型的危险情况处置案例。在我们身边，许多危险有着活生生的例子，家长要有意识地讲给孩子听。如放学回家遇到形迹可疑的人跟踪，可穿过马路，改变路线，避免与陌生人接触，同时要向人多的地方走，并及时呼救；如女同学在上、放学途中要结伴而行，尽量在熟悉的路线行走，避开荒僻和陌生的地方等。

4.教孩子运用法律保护自己。在今天的法制社会中，孩子只有先知法，才能懂法、守法，维护法律的尊严。家长要告诉孩子，我们都生活在法律组织、规划的社会中，法律也是社会生存最基本的准绳，任何不懂法的人，都将在生存中面临一种潜在的威胁。要想让孩子健康成长，就必须让他懂法，从现在做起，多接触法律，为将来的社会生存树立安全的保障。

习惯100 拒绝不良诱惑

大千世界五光十色，无奇不有，在我们的周围存在着很多诱惑。经得起各种诱惑和烦恼的考验，才算完美的心灵健康。那些不良诱惑有时就像“吸血蝙蝠”，让我们舒舒服服地上当，在不知不觉中成为它的俘虏。让孩子学会控制自己的欲望，经受住各种不良诱惑，才能避免对自己和他人的危害。

李强，原本聪明伶俐，品学兼优。自从迷上网络游戏后，每天一放学，他就往电脑里钻，十分痴迷。

有一个星期天，他跟他最要好的同学刘磊说：“磊磊，放学后去我们家玩游戏吧！”

磊磊很郁闷，因为他知道李强是他最好的伙伴，如果不答应他，觉得会影响感情。但磊磊也知道，李强叫他去玩游戏会影响学习。

近来李强的成绩一落千丈，每次老师叫他起来读生字时，他连最基本的词语都不会读。

想到李强的表现，磊磊斩钉截铁地回答：“我不去了，我想复习，争取考个好成绩！”李强看着磊磊这么坚决地拒绝了他，叹了口气，摇摇头独自走开了。

磊磊看着李强远去的背影，也长舒了一口气。在网络游戏的诱惑面前，他胜利了！

生活中有美好事物的诱惑，激励孩子去追寻，生活中也有许多干扰孩子学习、生活的不良诱惑，影响孩子的正常生活，甚至危害孩子的生命健康。

有这样一个“潘多拉”魔盒的故事。从前，有个人捡到一个精美的盒子，上面写着：“记住，无论何时，都不要打开这个盒子，否则，人类将要遭到灭顶之

灾。”这人开始吓了一跳，没敢打开盒子。可总在想：“这盒子里究竟装的是什么东西呢？什么东西有如此强大的力量呢?”最终他经不住诱惑打开了盒子。结果盒子里的东西跑出来了。从此，人类就有了洪水、瘟疫、犯罪等灾难。原来这是一个“潘多拉”魔盒，里面装的都是邪恶。

人生活在社会中，总会面临各种诱惑，有精神的，有物质的，如果经受不住不良诱惑，就会带来一些不良后果，并且有些诱惑是不能去尝试的，一旦尝试，将不可挽回。

当今社会生活的丰富多彩，信息的千变万化，现代社会的开放，不可避免地带来了毒害孩子的思想意识和腐朽的生活方式。但面对社会上的种种不良诱惑，处在未成年时期的孩子，他们心智还没完全成熟，世界观、人生观尚未形成，判断是非的能力较差，自我控制能力不强，对不良诱惑的危害认识不足，容易受到诱惑和侵蚀，走上违法犯罪道路。另外，中学生年龄小，阅历浅，处理问题的经验少，也给自觉抵制不良诱惑带来一定的困难。因此，积极引导孩子正确地观察、分析、思考，了解不良诱惑的危害性，自觉抵制不良诱惑，是刻不容缓的事情。

在学习过程中，孩子们可能面临着贪图玩耍娱乐的诱惑，如做作业时看电视或玩游戏的诱惑。在交往过程中，孩子们也常常面临着各种不良诱惑。比如，强烈的好奇心和盲目的从众心理常常会促使孩子跟着“群体”参加毫无意义甚至对身心健康有害的各种活动，如吸烟、吸毒、赌博、浏览不健康的书刊和网页或者玩电子游戏等等；再如，在与他人交往的过程中，有的孩子抱着占小便宜的心理，恰恰就是这种占小便宜的心理，会使孩子上当受骗，甚至误入歧途。在生活中，孩子们也会面临着吃、穿、住、行、用的各种诱惑。想吃得更好一些，穿得更好一些，住得更好一些等，这是很正常的，但是过分追求，必然会使他们把自己的大量时间和精力用于对“钱财”的追求，甚至为了“钱财”而不择手段，走向违法犯罪的深渊，偏离正常的人生轨道。

面对诱惑，我们一定要睁大双眼，区别对待，面对形形色色的不良诱惑，我们不能“心动”，不能行动，不能“犹豫”，要理智，我们不能成为诱惑的俘虏，而要成为战胜不良诱惑的将军。

人们为善的道路只有一条，作恶的道路可以有许多条。因此，家长要让孩子学会控制自己的欲望，敢于对不良诱惑说“不”，充分发挥自己的聪明才智，用科学的态度、清醒的头脑和正确的方法，摆脱它们的干扰，避免其对自己和他人的危害。

温馨小贴士

勇敢的人敢于战胜不良诱惑，聪明的人总能想出各种办法抗拒不良诱惑。怎样让孩子拒绝不良诱惑呢？建议做到以下几点：

1. 尽量减少对孩子的不良诱惑。作为家长，当孩子在学习或读书的时候，就应该坐下来，同孩子一块儿读书。而不是让孩子学习，自己在客厅内看电视、打麻将。减少对孩子的诱惑，才能专心致志地做某一件事情。

2. 同孩子一块儿想象不良诱惑的后果。家长要同孩子多交流，可以通过身边的实例告诉孩子不良诱惑的严重后果。

3. 婉言谢绝来自朋友的不良诱惑，提高自制能力。当不良诱惑来自朋友方面（如做作业时面临着想看电视或想玩游戏，身边的同学赌博时要拉自己入伙或者从事其它自己都比较感兴趣的活动），可以让孩子依靠自己的自制力、智慧和一定的技巧来回绝朋友的邀请，避免他们的不理解和嘲弄。

4. 专时专用，改正不良习惯。让孩子学会安排时间表，以严格的时间分配拒绝不良诱惑。家长要让孩子学会科学安排时间表，以严格的时间分配防止不良诱惑对孩子的危害。让孩子的时间表里排满有意义的事情，时间表会提醒他：这是学习时间，应该认真学习；这是锻炼时间，应该进行体育锻炼；这是娱乐时间，可以适当开展一些自己感兴趣的活动，调节自己的身心；这是休息时间，应该好好休息。孩子每天忙于正事，不良诱惑便无法“插足”。